유아 반찬 황금 레시피

편식 없이 잘 먹는 **꿀맛** 보장 **영양** 가득 레시피 200

용동희 지음

비타북스

prologue

아이를 처음 만난 건 10년 전이었어요. 이미 까마득한 과거의 이야기지만 아직도 그때의 느낌은 갓 지난 것처럼 생생합니다. 뱃속에서 꿈틀대던 작은 생명, 태어나 처음 느껴보는 충만함이라는 감정이었으니까요. 책도 많이 찾아 읽고, 늘 하던 생활을 좀 더 생경하게 겪어내며 단단히 준비하였건만 막상 닥쳐 온 현실은 '헬' 그 자체였죠. 당황과 당황의 연속. 저는 그 당황스러운 순간들을 마주하며 무능한 엄마가 되어버렸어요. 그중에서도 가장 당황스러웠던 건 아이의 끼니였죠. 요리디렉터라는 직업이 무색하게 아이의 먹을거리 앞에서는 어찌할 바 모르는 그저 초보 엄마였거든요.

'무엇을 먹여야 아이가 건강하게 성장할 수 있을까?'

공공연하게 건강한 먹거리를 강조했던 저였지만 막상 내 아이 입에 들어갈 거라고 생각하니 한번 더 망설이게 되더군요. 사실 가장 예민했던 아이의 어린 시절을 지나보내고 나니 너무 과한 고민은 아니었나 싶지만… 10살 된 아이를 키우고 있는 지금도 그 고민은 여전히 진행 중입니다. 지금 그 시기를 보내고 있을 수많은 엄마들 역시 저와 같은 고민에 밤잠을 못 이루고 계시리라 생각되고요.
그렇게 차린 밥상… 하루하루 바쁜 일상 속에서 정성껏 차려준 그 밥상을 아이가 잘 먹어만 준다면 그간의 고민과 고생은 다 잊을 수 있을 것만 같은데 쉽지가 않아요. 그래서 또 고민하고 아이가 맛있게 먹을 수 있다고 강조하는 요리책이나 인터넷을 하염없이 들여다보고 있는 거겠죠.

엄마들의 걱정과 고민은 당연해요. 저도 그 시기를 겪었기에, 아직도 한창 겪는 중이기에 잘 알고 있습니다. 하지만 엄마가 걱정을 조금 내려놓는 법을 연습해야 모두가 행복해질 수 있다는 것을 꼭 알려드리고 싶어요. 그 시간을 몇 걸음이나마 앞서 걸어온 선배 엄마로서 드리고 싶은 말입니다.

걱정 없이 아이 밥상을 차리는 데 힘이 되길 바라며,
대한민국 모든 엄마들을 응원합니다.

아이 먹을거리 때문에 여전히 걱정이 많은 엄마,
용동희

contents

1
GOLD RECIPE
매일 먹어도 질리지 않는 **기본 반찬**

아이 입맛 돋게 하는 황금 반찬
김치 & 장아찌 & 피클

2
GOLD RECIPE

밥 한 그릇 뚝딱 먹게 만드는 국 & 탕 & 찌개

3
GOLD RECIPE

우리 아이 편식 잡는 맛 좋은 **별미 반찬**

4
GOLD RECIPE

반찬 없이 간편하게 뚝딱 한 그릇 밥 & 면

PLUS RECIPE

아픈 아이 낫게 하는
황금 보양식

5
GOLD RECIPE

아이 입맛 단번에 사로잡는 **맛있는 간식**

SPECIAL PAGE

따라만 하면 되는 식판 세트
황금 밥상 식단표 20

한눈에 보는
간편 계량법

정확한 계량은 책 속 요리를 만들 때 서로 편하게 소통하기 위한 약속과 같아요. 가능하다면 계량컵과 계량스푼 같은 도구를 사용하는 것을 추천하지만 이제 막 요리와 친해져보려는 초보 엄마에게는 이 모든 게 낯설겠죠. 그래서 집에서 흔히 사용하는 밥숟가락, 종이컵 그리고 손만으로도 충분히 맛있는 요리를 만들 수 있게 했어요. 정말 쉽죠?

밥숟가락 계량법

① **1숟가락** 밥숟가락 1숟가락은 보통 계량스푼 1숟가락(15ml)의 80%에 해당돼요. 밥숟가락으로 수북히 가득 떠 주세요.

② **1/2숟가락** 밥숟가락 1/2숟가락은 밥숟가락 안에 절반 정도만 채우면 되는 양이에요. 계량스푼 1작은술(5ml)의 양과 비슷합니다.

종이컵 계량법

① **1컵** 종이컵 1컵은 계량컵 1컵(200ml)의 양과 거의 비슷해요. 종이컵 가득 채워주세요.

② **1/2컵** 종이컵 1/2컵은 계량컵 1/2컵(100ml)의 양과 거의 비슷해요. 종이컵의 절반 정도만 채워주세요.

손 계량법

① 1줌 손 1줌은 개수로 세기 힘든 재료(콩나물, 부추, 시금치, 소면 등)를 한 손으로 가볍게 잡은 양이에요.

② 약간 소금·후춧가루 약간은 엄지와 검지로 가볍게 잡은 양을 말해요.

※ 콩나물, 시금치, 아욱, 냉이, 부추 등의 1줌은 약 50g, 소면 1줌은 약 70g, 당면 1줌은 약 100g의 양과 비슷합니다.

♢ GOLD RECIPE POINT! ♢

★ 이 책은 이유식을 뗀 아이부터 초등학교 저학년 아이들의 식탁을 책임질 수 있는 건강한 반찬과 요리를 소개하고 있어요.

★ 모든 요리는 평균 2~3인분 기준이에요. 보통 하루에 소진할 수 있는 양이죠. 단, 재료의 특성에 따라 그 이상의 요리를 준비할 때는 요리에 별도 표기를 해두었으니 참고하세요.

★ 육류(돼지고기, 소고기, 닭 등), 조개류(꼬막, 홍합 등) 등의 주재료는 그램(g)으로 표기하였습니다. 마트에서 구입 시 참고하세요.

★ 이유식에서 갓 넘어온 아이들은 책 속 레시피의 계량을 그대로 따라할 시 간이 조금 세다고 느낄 수도 있어요. 소금, 액젓, 설탕, 후추, 고춧가루 등 간을 결정하는 양념들의 양은 맛을 보며 조절해주세요. 아이의 성장과 맛을 받아들이는 시점을 잘 살펴가며 간의 양을 다시 늘려주시면 됩니다.

★ 재료의 크기도 마찬가지입니다. 책에서는 일반적으로 3세 이상이 소화시킬 수 있는 크기로 재료를 다듬었는데, 아이마다 음식을 받아들이는 속도가 다를 수 있어요. 씹거나 삼키는 것을 어려워한다면 재료를 좀 더 작게 다듬어주세요.

초보 엄마도 능숙하게
손쉬운 재료 썰기

재료마다 생김새가 다르고 그에 따라 칼질하는 방향도 달라진다는데, 대체 어디부터 칼을 대야 할지 막막하기만 합니다. 자주 사용하는 재료들을 어떻게, 어떤 형태로 썰어야 하는지 눈으로 보고 손으로 익혀보세요.

통 썰기

전을 부치거나 볶음을 할 때 사용하는 방법으로 약 0.4~0.7㎝의 간격으로 동그랗게 통으로 뚝뚝 썰어요.

반달 썰기

국이나 찌개에 넣을 둥근 형태의 채소를 썰 때 주로 사용해요. 통 썰기 한 뒤에 여러 겹으로 쌓고 가운데를 썰어 반달 모양으로 만들어요.

깍둑 썰기

깍두기(무)나 큐브 스테이크(고기) 등을 썰 때 사용하는 방법이에요. 가능한 한 사방의 크기가 같도록 썰어요.

편 썰기(슬라이스)

재료의 모양을 그대로 살려 납작하게 썰어요.

채 썰기

길쭉하고 가늘게 써는 방법으로 편 썰기 한 뒤 가지런히 눕혀놓고 길게 썰면 편해요.

어슷 썰기

재료를 반듯하게 놓고 칼을 비스듬히 하여 써는 방법이에요.

어설픈 칼질 때문에 불안해요. 안전한 방법은 없나요?

오른손 엄지와 집게손가락으로 칼등을 가볍게 잡고, 나머지 세 손가락으로는
손잡이를 감싸듯이 잡아주세요. 왼손은 재료 위에 얹어 손가락을 안으로 감아
접고, 2번째 마디가 칼면에 닿게 하여 썰면 다소 느리더라도 어설프지는 않게
썰 수 있어요. 여러 차례 연습을 하면 속도도 점차 높일 수 있게 돼요.

은행잎 썰기

재료를 길게 반 가르고 도톰하게 반달
썰기를 한 뒤 다시 한 번 반으로 썰어요.

나박 썰기(네모 썰기)

맑은 국을 끓이거나 나박김치를 담글
때 쓰는 방법이에요. 재료 옆면을 반
듯하게 썰어 직육면체 형태로 만들고,
알맞은 두께로 네모 썰어요.

돌려 깎기

과일 껍질을 깎듯이 손으로 재료를 잡
고 돌려가며 겉면을 얇게 깎아내요.
보통 오이, 대추와 같은 재료의 씨를
제거할 때 사용해요.

다지기

양념, 국 등에 들어갈 속재료를 자르
는 방법이에요. 재료를 채 썰어 한 번
에 종종 썰면 편해요.

송송 깍기

대파나 쪽파 등을 길이 방향으로 슬라
이스하듯 작게 썰어요.

끝까지 신선하게
남은 재료 보관법

요리를 한바탕 끝낸 직후면 늘 수북하게 남아있는 재료들, 보관만 잘해도 신선한 상태 그대로
재사용이 가능하답니다. 지금부터 현명한 주부가 될 수 있는 몇 가지 팁을 알려드릴게요.

냉동 보관

요리 재료를 더 길게, 신선하게 보관하려면 냉동 보관을 추천해요. 명시된 재료들은 냉장 보관도 가능하
지만 냉동 보관할 때 더 오랜 시간 보관이 가능하답니다. 물기를 최대한 제거하고 지퍼백이나 밀폐된 용
기에 담아 냉동실에 넣어주세요. 이때 1회에 사용할 만큼의 양으로 소분해 담아두는 것이 가장 중요해요.

마늘	삶은 나물	다진 고기
육수	밥	생선

그 밖의 냉동 보관 식품들

마늘 / 삶은 나물 / 다진 고기(1회에 쓸 양을 나눠 얼려요.) / 육수(진하게 낸 육수를 얼음케이스에 넣고 얼려요.
필요한 양만큼 꺼내 녹여 쓰면 편해요.) / 밥 / 생선 / 식빵 / 염장 미역 / 불린 미역 / 닭가슴살 / 소시지 / 매생이 /
베리류 등

냉장 보관

마른 재료는 최대한 물기를 제거한 뒤 지퍼백이나 밀폐 용기에 담아 공기를 차단시켜 보관하고, 이미 손질된 재료라면 각 팁에 유의하여 보관해주세요.

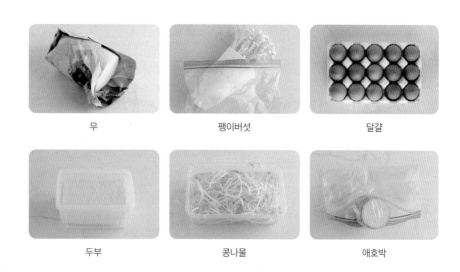

무   팽이버섯   달걀

두부   콩나물   애호박

그 밖의 냉장 보관 식품들

무(신문지에 싸요.) / 버섯류(밑둥을 감싼 뒤 지퍼백에 넣어요.) /달걀(뾰족한 부분이 아래를 향하도록 넣어요.) / 두부(물에 담가요. 중간에 물을 갈아주면 더 좋아요.) / 콩나물(물에 담가요.) / 애호박(잘린 단면을 랩으로 감싸요.) / 시금치 등

실온 보관

모든 재료를 냉장고에 반드시 넣어야 된다면 냉장고는 공간이 미어터질 수도 있어요. 상온에 보관해도 괜찮은 재료들은 싱크대 선반 위에 깔끔하게 정리해두면 좋아요.

감자   설탕   쌀

그 밖의 실온 보관 식품들

감자(종이봉투에 담고 사과와 함께 보관해요. 싹 나는 시간을 늦출 수 있어요.) / 설탕(식빵 조각을 같이 넣어 두면 덩어리지는 것을 방지할 수 있어요.) / 쌀 / 오일류 / 소금 / 간장 / 면 / 밀가루 / 통조림류 등

맛있는 아이 반찬의 비밀

엄마손 육수 & 양념

아이 입에 들어가는 거라면 늘 좋은 것만 먹이고 싶은 게 엄마의 마음이에요. 사다 먹여도 괜찮
지만 요리에 약간의 수고스러움을 더하면 더 건강하고 믿을 수 있는 요리를 만들 수 있답니다.
아이 반찬에 자주 쓰는 육수 및 양념 레시피를 소개합니다. 한가한 날 미리 만들어두고 필요할
때마다 꺼내 쓰세요.

요리를 더 맛있게, 깊은 맛을 완성하는 엄마손 육수 레시피를 소개합니다.

1 채소육수

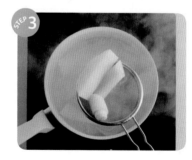

○ **재료**
무, 배추, 대파 등의
자투리 채소
물 적당량

1 사용하고 남은 무, 배추, 대파 같은 자투리 채소는 버리지 말고, 지퍼백에 차곡차곡 넣어 냉동 보관해요.

2 자투리 채소를 냄비에 담고 충분히 잠길 정도로 물을 부은 뒤 센 불로 팔팔 끓여요.

3 채소 맛이 육수에 잘 우러나고 채소가 물러지면 건져내고 체에 거른 뒤 밀폐 용기에 담아 냉장 또는 냉동 보관해요.

2 고기육수

○ **재료**
　소고기 300g
　대파(길이 10cm) 1대
　양파 1/2개
　다시마(사방 5cm) 2장
　물 적당량

1 소고기는 찬물에 30분간 담가 핏물을 제거해요. 이 과정을 건너뛰면 국물이 탁해지고 깔끔한 맛이 안 나요.

2 대파와 양파를 큼직하게 자르고 소고기와 함께 냄비에 담은 뒤 재료가 잠길 정도로 물을 충분히 부어요. 중간중간 위에 뜨는 거품을 걷어내며 센 불로 20~30분간 팔팔 끓여요.

3 고기육수를 탁하지 않게 해주는 재료는 바로 다시마예요. 다시마를 넣고 한 소끔 끓여주면 탁했던 국물이 감쪽같이 맑아져요. 단, 다시마는 너무 오래 끓이지 말고 10분 내외로 건져내요. 체에 거른 뒤 밀폐 용기에 담아 냉장 또는 냉동 보관해요.

3 멸치육수

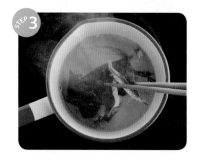

○ **재료**
다시마(사방 5cm) 2장
멸치 10개
물 적당량

1 다시마 표면에 붙은 하얀 가루를 물로 깨끗이 씻어내면 감칠맛이 줄어들어요. 다시마 겉면은 깨끗한 행주로 가볍게 털어내고, 멸치는 머리와 내장을 제거해요.

   mom's tip. 다시마는 결과 반대 방향으로 자른 뒤 칼집을 넣어주면 내부에서도 감칠맛이 배어나와 육수 맛이 더 좋아져요.

2 냄비에 물과 다시마, 멸치를 넣고 센 불로 팔팔 끓여요.

3 10분이 지나면 다시마와 멸치를 건져내요. 너무 오래 끓이면 다시마의 점액질이 나와 육수 맛이 깔끔해지지 않아요. 체에 거른 뒤 밀폐 용기에 담아 냉장 또는 냉동 보관해요.

4 가다랑어포
육수

○ **재료**
다시마(사방 5cm) 3장
가다랑어포 1줌
물 적당량

1 냄비에 물, 다시마를 넣고 센 불로 팔팔 끓여요.

2 10분 후 다시마를 건져내요.

3 불을 끄고 가다랑어포를 넣어 10분간 두었다가 체에 걸러내요. 밀폐용기에
담아 냉장 또는 냉동 보관해요.
  mom's tip. 끓이는 도중 가다랑어포를 넣으면 육수가 떫어지고 비린 맛이 날 수
  도 있어요.

요리에 감칠맛을 더해주는 엄마손 양념 레시피를 소개합니다.

1 볶음소금

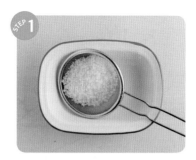

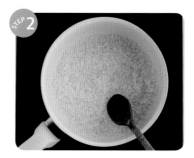

○ **재료**
　천일염 2컵

1 천일염 안의 검은 티끌과 불순물들을 체로 쳐서 골라내요.

2 마른 팬에 천일염을 붓고 저어가며 약한 불로 볶아요.

3 소금이 튀기 시작하면 불을 끄고 완전히 식힌 뒤 원하는 굵기에 맞게 믹서기
　로 갈아요. 밀폐용기에 담아 상온 보관해요.

2 해산물가루

○ **재료**
건새우 100g
마른 표고버섯 5개

1 건새우를 체에 올려 불순물과 잔가루를 제거한 뒤 마른 팬에서 약한 불로 볶아요.

2 마른 표고버섯도 듬성듬성 손으로 잘라 마른 팬에서 약한 불로 볶아요.

3 건새우와 마른 표고버섯을 완전히 식힌 뒤 함께 믹서기에 넣고 곱게 갈아요.
지퍼백에 넣어 밀봉 보관해요.

3 맛간장

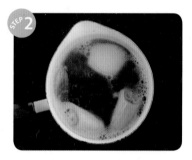

○ **재료**
   간장 1컵
   대파(길이 10cm) 1대
   양파 1개, 맛술 1/2컵
   다시마(사방 5cm) 1장

1 대파와 양파는 4등분해요.

2 냄비에 모든 재료를 넣고 약한 불로 5분간 끓여요.

3 다시마, 대파, 양파를 건져내고 체에 걸러요. 유리병에 담아 냉장 보관해요.

4 수제 케첩

○ **재료**
방울토마토 20개
설탕 2숟가락
소금 약간

1 방울토마토는 겉에 십자로 칼집을 내고 끓는 물에 살짝 데쳐 껍질을 벗겨요.

2 냄비에 토마토를 넣고 주걱으로 눌러가면서 완전히 으깨요. 약한 불로 조려요.

3 설탕과 소금을 넣고 간해요. 밀폐 용기에 담아 냉장 보관해요.

알아두면 편리한
불 세기 & 밥 짓기

요리의 기본 중의 기본, 정말 쉽지만 실수도 잦고 의외로 정확한 레시피를 모르는 사람도 많아요. 이번 기회에 불 세기 조절법과 밥 짓는 법 정도는 제대로 짚고 넘어가볼까요?

불 세기

가스불의 경우 눈으로 보면서 맞추는 것이 가장 정확해요. 요리를 하면서 단계에 맞게 수시로 조절해야 하니 제대로 익힌 뒤 적용해보세요.

1 센불
불꽃이 냄비 바닥 옆으로 새어져 나올 정도의 강한 불 세기를 말해요.

2 중간 불
불꽃과 냄비 바닥 사이에 약간의 틈이 있는 정도의 불 세기를 말해요.

3 약한 불
불꽃과 냄비 바닥 사이에 1cm 정도의 틈이 있는 정도의 불 세기를 말해요.

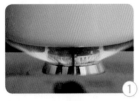
센불

중간 불

약한 불

 달군 팬이란 어떤 상태를 말하나요?

불에 팬을 올리고 손을 가까이 대었을 때 열기가 느껴지는 정도를 말해요. 요리에 적합한 온도를 만든 다음에 요리를 시작하는 것이 좋아요.

밥 짓기(냄비 밥)

밥 짓기야 밥솥이 알아서 다 해준다지만 기본을 지키면 훨씬 더 맛있게 완성됩니다. 쌀 씻는 법부터 밥물 양 맞추는 법, 빠르게 밥 짓는 법, 어설픈 밥 살리는 법까지 꼭 필요한 밥 짓기 노하우의 모든 것을 배워보세요.

1 쌀 씻기

아무리 좋은 쌀을 구입해도 짓는 방법에 따라 맛이 좋아지기도 하고 나빠지기도 해요. 밥을 짓기 전, 가장 먼저 쌀을 씻어야 하죠. 쌀을 잘 씻는 것은 맛있는 밥을 위한 기본이에요. 첫 번째로 쌀을 씻은 물은 재빠르게 버려주세요. 첫 번째 물로 씻는 시간이 길어지면 불순물이 담긴 물을 쌀이 흡수하게 돼요. 첫 번째, 두 번째 물은 몇 번 휘휘 저은 뒤 바로 버려주세요. 그 다음 손바닥을 이용해 쌀을 부드럽게 문질러 씻어줍니다. 맑은 물이 나올 때까지 3~4회 씻어주세요.

2 밥물 맞추기

되직한 밥, 찰진 밥, 진밥은 쌀과 물의 양, 즉 밥물을 어떻게 잡느냐에 따라 결정돼요. 그런데 사용하는 쌀이 지닌 수분의 함량이 구입한 쌀마다 다를 뿐 아니라, 불리는 시간에 따라서도 밥맛이 달라지죠. 잘 씻은 쌀은 30분 정도 물에 담가 불리도록 해요. 씻자마자 바로 밥을 지으면 쌀 전체가 고르게 호화되지 않아 찰지지 않아요. 그 다음 냄비에 쌀을 담고 손을 얹어 물을 손등에 닿기 시작하는 지점까지 부어요. 밥물 맞추는 것에 자신이 없다면, 30분 이상 불린 쌀은 불린 쌀:물=1:1로 계량해 담고, 불리지 않은 쌀의 경우는 쌀:물=1:1.2의 분량으로 계량해도 좋아요. 단, 햅쌀일 경우는 1:1.1, 묵은쌀의 경우는 1:1.3의 분량으로 물 조절을 해주세요.

3 스피드-업 밥 짓기

시간이 없어 밥을 빨리 지어야 할 경우도 많아요. 팔팔 끓는 물에 씻은 쌀을 넣고 센 불에서 뚜껑을 연 채로 저으면서 끓여요. 물 온도가 높을수록 쌀의 수분 흡수가 빨라지기 때문이에요. 밥물이 잦아들면 그때 뚜껑을 덮고 약한 불로 줄여 10분 더 끓여요. 불을 끄고 5분간 뜸 들이면 빠르게 밥이 완성돼요.

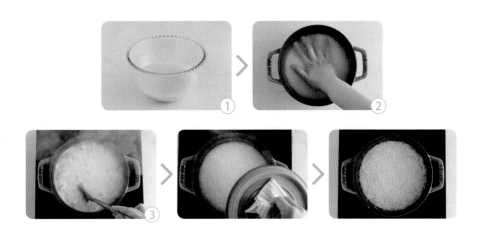

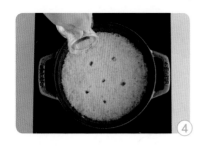 

4 설익은 밥 복구하기

냄비나 무쇠솥으로 밥을 짓다보면 밥이 설익을 때가 있지요. 설익은 밥을 다시 고슬고슬하게 만들기 위해 필요한 재료는 바로 청주! 설익은 밥에 젓가락을 꽂아 구멍을 숭숭 낸 뒤 청주 2순가락 정도를 골고루 뿌리고 약한 불로 5분 정도 끓이면 고슬고슬한 밥으로 변신해요.

5 태운 밥 살리기

밥을 태워 탄 냄새가 밥알에 배어버리는 경우도 종종 생겨요. 그럴 땐 밥 위에 찬물 1컵을 컵째로 올린 뒤 뚜껑을 닫고 10분 정도 두면 탄 냄새가 사라진답니다. 밥물에 탄 냄새가 흡수되기 때문이에요.

밥투정 대마왕 우리 아이
편식 잡는 노하우

성장기 아이에게 좋은 단백질은 매일 먹여요.

아이의 성장기에 도움을 주는 필수아미노산이 풍부한 고기, 생선, 달걀, 콩은 매일 꼭 섭취하도록 해요. 매끼 먹으면 가장 이상적이지만 어렵다면 하루에 2끼는 꼭 주세요. 냄새에 민감한 아이들은 고기를 싫어하기도 해요. 무조건 먹으라고 강요하기보다는 다양한 조리법을 시도해가며 아이 입에 맞는 요리를 만들어주는 것이 중요합니다.

비타민과 무기질이 풍부한 채소와 과일은 빼놓지 않아요.

성장을 위주로 한 식단이라 해도 육류나 탄수화물을 과다 섭취하게 되면 몸이 산성화가 돼요. 이를 중화시켜주는 것이 채소와 과일이랍니다. 채소와 과일을 적절하게 지속적으로 식단에 넣어야 해요. 채소를 싫어하면 잘게 다져 좋아하는 고기나 달걀 등을 활용한 요리에 숨겨주세요. 먹기 시작하면 크기를 조금씩 키워 눈과 입에 익숙해지도록 자주 보여주고요. 먹을 때마다 과장된 칭찬과 격려, 잊지 마세요!

아침은 반드시 거르지 않도록 해요.

아침을 먹어야 두뇌 활동이 활발해져요. 왕성하게 활동해야 하는 아이에게 두뇌 활동과 에너지는 필수죠. 그래야 활동이 자유로워지고 의욕이 생겨요. 하지만 유치원이나 학교 갈 준비만 하기에도 시간이 빠듯하죠? 전날 한 입에 쏙쏙 넣기 편한 주먹밥이나 맑은 국을 끓여 밥을 말아 먹는 것도 방법이에요. 물론 급하게 삼키지 않도록 꼭꼭 씹어 먹으라는 말도 빼놓으면 안 되겠죠?

간식의 양이 식사 양보다 많지 않도록 해요.

간식은 매 끼니에서 부족한 영양소를 보충해주는 역할을 해요. 식사처럼 충분히 많은 양을 먹거나, 그 이상을 먹게 되면 정작 먹어야 하는 식사의 양이 줄어들게 되지요. 매 끼니 사이에 식사 양의 1/3~1/2 양으로도 충분하답니다.

식사하는 시간을 정해주세요.

아이가 음식 앞에서 딴 짓을 하거나, 긴 시간을 보내는 것을 당연하게 생각하면 안 돼요. 규칙을 만들어두고, 시간이 지나면 밥상을 치워야 해요. 처음에는 안쓰럽지만 일주일, 이주일이 지나면 정해진 시간에 식사를 마쳐야 한다는 것을 무언의 규칙으로 받아들일 수 있어요. 그래야 부모, 아이 모두에게 행복한 식사 시간이 됩니다.

GOLD RECIPE

매일 먹어도 질리지 않는 **기본 반찬**

엄마들의 가장 큰 고민 '오늘은 뭘 먹이지?'
매 끼니마다 머릿속을 떠나지 않는 이 물음표에 대한 해답이 되었으면 하는 마음으로 요리했어요.
집 앞 마트에서 쉽게 구할 수 있는 재료와 건강하고 맛있는 조리법으로 만든
엄마손 매일 반찬으로 아이 입맛 한 번에 사로잡아보세요!

✧

아이에게 콩나물무침을 줄 때마다 "콩나물처럼 쭉쭉 크렴" 주문을 외듯 말합니다.
콩나물에는 비타민C가 가득해요. 두 줌이면 비타민C의 하루 섭취량이 충분히 채워진답니다.

콩나물무침

STEP 1

STEP 2

STEP 3

 황금 3단계 레시피

○ **조리 시간 15분**

○ **재료**
콩나물 5줌(약 200g)
쪽파 2줄기
소금 약간

○ **양념**
참기름 2숟가락
통깨 1/2숟가락
소금 약간

1 물에 소금을 넣고 팔팔 끓인 뒤 콩나물을 담가요. 아삭하게 10분 정도 데친 뒤 체에 밭쳐 물기를 빼고 한 김 식혀요.
mom's tip. 콩나물을 찬물에 헹구면 양념이 콩나물 속에 잘 스며들지 않아요. 데친 콩나물은 체에 밭쳐 물기를 제거하고 완전히 식기 전에 무쳐주세요.

2 쪽파는 송송 썰어요.

3 볼에 데친 콩나물, 쪽파, 양념 재료를 모두 넣고 조물조물 무쳐요.

★ 엄마 • 아빠 요리 ★

고춧가루를 1~2숟가락 정도 넣고 버무리면 적당히 매콤하면서도 고소한 콩나물 무침이 완성돼요.

숙주가 지닌 특유의 향 때문에 먹지 않으려는 아이들도 있어요.
그렇다면 새콤달콤 양념장으로 맛있게 무쳐 아이들의 입맛을 돋워주세요.

기본
반찬

숙주초무침

STEP 1 STEP 2 STEP 3

 황금 3단계 레시피

○ **조리 시간 15분**

○ **재료**
숙주 5줌(약 200g)
미나리 5줄기, 소금 약간

○ **양념장**
식초 3숟가락
설탕 2숟가락, 간장 1숟가락
소금 · 통깨 약간씩

1 미나리는 3cm 길이로 자르고, 분량의 재료를 섞어 양념장을 만들어요.

2 물에 소금을 넣고 팔팔 끓인 뒤 숙주를 담가 아삭하게 5분 정도 데쳐요. 건져내기 전에 미나리를 넣고 푹 잠기게 눌렀다가 바로 건져낸 뒤 체에 밭쳐 한 김 식혀요.

3 볼에 숙주, 미나리, 양념장을 넣고 조물조물 무쳐요.

 **남은 숙주를 냉장고에 넣어놨더니
순식간에 색이 누렇게 변하고 물러졌어요.**

숙주는 콩나물보다 보관 기간이 짧아요. 좀 더 오래 두고 먹으려면 보관용기에 숙주를 담고 물을 자작하게 부은 뒤 냉장 보관하세요.

◆

평범한 시금치무침도 맛있지만 들깻가루로 고소한 맛을 더해봤어요.
고소한 향과 맛에 아이들이 더욱 좋아하는 반찬이 되었네요.

시금치들깨무침

STEP 1

STEP 2

STEP 3

 황금 3단계 레시피

○ **조리 시간 15분**

○ **재료**
시금치 1단
들깻가루 2숟가락
소금 약간

○ **양념**
참기름 2숟가락
멸치액젓 1/2숟가락
통깨·소금 약간씩

1 시금치는 뿌리 부분을 잘라내고 시든 잎을 떼어낸 뒤 흐르는 물에 깨끗이 씻어요.
mom's tip. 시금치는 사이사이에 흙이 많이 껴 있어요. 통째로 데치기보단 뿌리를 잘라내고 사이사이에 낀 흙을 충분히 씻어낸 뒤 데치는 것이 좋답니다.

2 물에 소금을 넣고 팔팔 끓인 뒤 시금치의 줄기 부분부터 담가 숨이 죽으면 바로 건져내요. 찬물에 헹궈 물기를 짠 뒤 5cm 길이로 썰어요.
mom's tip. 끓는 물에 시금치 줄기부터 담가야 익는 정도가 맞춰져요. 숨이 죽으면 바로 건져내요.

3 볼에 시금치와 양념 재료를 넣고 조물조물 무치다가 들깻가루를 넣고 가볍게 버무려요.

★ 엄마 • 아빠 요리 ★

 된장을 1/2~1숟가락 정도 넣고 버무려요.

아삭아삭 오이무침 씹는 소리는 아이들의 청각을 자극해요.
식재료에는 다양한 맛뿐 아니라 다양한 소리도 있음을 알려주세요.

오이무침

 STEP 1
 STEP 2
 STEP 3

황금 3단계 레시피

○ **조리 시간 20분**

○ **재료**
　오이 1개
　쪽파 3줄기
　소금 약간

○ **양념**
　고춧가루 1/3숟가락
　멸치액젓 · 식초 1/2숟가락씩
　설탕 1숟가락
　통깨 · 소금 약간씩

1　오이는 필러로 껍질의 돌기 부분만 가볍게 깍아낸 뒤 약 0.3cm 두께로 통 썰고, 쪽파는 송송 썰어요.

2　오이에 소금을 뿌려 10분간 절인 뒤 물기를 꼭 짜요.

3　볼에 오이, 쪽파, 양념 재료를 넣고 가볍게 버무려요.

★ 엄마 · 아빠 요리 ★

고춧가루 1숟가락, 다진 청양고추 1/2숟가락을 넣고 버무리면 삼겹살에도 곁들여 먹기 좋은 매콤한 오이무침이 돼요.

아이들이 좋아하는 맛살을 오이와 같이 새콤달콤 무쳐봤어요.
입맛 없을 때 오이맛살무침이면 밥 한 그릇을 금세 비우게 돼요.

오이맛살무침

 황금 3단계 레시피

○ **조리 시간 15분**

○ **재료**
오이 1/2개, 맛살 10개
쪽파 1줄기

○ **양념**
식초 2숟가락
설탕·참기름 1숟가락씩
간장 1/2숟가락
소금·통깨 약간씩

1 오이는 필러로 껍질의 돌기 부분만 가볍게 깍아낸 뒤 세로로 길게 반 갈라 굵게 어슷 썰고, 맛살은 결대로 작게 찢어요.

2 쪽파는 송송 썰어요.

3 볼에 오이, 맛살, 쪽파, 양념 재료를 넣고 가볍게 버무려요.

 무침을 할 때는 백오이가 좋을까요?
취청오이(청오이)가 좋을까요?

무침처럼 보통 일정량을 만들어 두고두고 먹는 반찬의 경우 백오이를 사용하는 게 더 좋아요. 취청오이로 만들면 물러지기 쉽거든요. 대신 샐러드처럼 바로 만들어 그 자리에서 다 먹는 요리일 경우 취청오이를 추천합니다.

보들보들한 가지를 간간하게 무쳐보세요.
따뜻한 밥 위에 가지를 하나씩 올려 먹으면 다른 반찬이 필요 없겠죠?

가지찜무침

 황금 3단계 레시피

○ **조리 시간 20분**

○ **재료**
가지 2개
쪽파 2줄기

○ **양념**
간장 1숟가락
참기름 1숟가락
통깨 1/2숟가락

1 가지는 꼭지를 자른 뒤 세로로 길게 반 가르고 3등분해요. 쪽파는 송송 썰어요.

2 김 오른 찜기에 가지를 넣고 뚜껑을 닫은 상태로 8~10분간 쪄요. 찐 가지를 체에 펼쳐 한 김 식힌 뒤 약 1cm 두께로 작게 찢어요.
mom's tip. 찜기에 껍질이 바닥을 향하게 두어야 속이 물러지지 않아요.

3 볼에 가지, 쪽파, 양념 재료를 넣고 골고루 버무려요.

★ 엄마 • 아빠 요리 ★

고춧가루 1숟가락, 다진 청양고추 1/2숟가락을
각자의 취향대로 가감해 넣고 버무려요.

새콤달콤한 양념으로 무친 아이들용 무생채입니다.
매운 것을 아직 못 먹는 아이에게 김치 대용으로 먹여도 좋아요.

새콤달콤 무생채

STEP 1

STEP 2

STEP 3

 황금 3단계 레시피

○ **조리 시간 20분**

○ **재료**
무(두께 10cm) 1토막
쪽파 2줄기
설탕 1숟가락, 소금 1/2숟가락

○ **양념**
식초 3숟가락, 설탕 1숟가락
멸치액젓 1/2숟가락

1 무는 채 썰어요.
mom's tip. 채 써는 게 서툴면 채칼을 써도 돼요. 하지만 너무 가늘지 않게 잘리는 채칼을 사용하세요. 너무 가늘면 무칠 때 물러질 수 있어요.

2 무에 설탕과 소금을 넣고 가볍게 버무려 10분간 재웠다가 물기를 꼭 짜요.

3 볼에 무, 양념 재료, 송송 썬 쪽파를 넣고 조물조물 무쳐요.

★ 엄마 · 아빠 요리 ★

고춧가루 1~2숟가락을 넣고 버무리면 그냥 먹어도 맛있고,
비빔밥에 넣어 먹으면 더 맛있는 매콤상콤 무생채가 완성돼요.

✧

냉면에 올리는 무생채를 많이 만들어 두었다가 단무지 대신 반찬으로 먹으면 좋아요.
매일 반찬으로도, 국수나 냉면 고명으로도 유용하게 사용할 수 있어요.

냉면집 무생채

 황금 3단계 레시피

○ **조리 시간 40분**

○ **재료**
무(두께 10cm) 1토막
소금 2숟가락
설탕·고춧가루 1숟가락씩
식초 1/2컵, 물 2/3컵

1 무는 0.5cm 두께로 최대한 납작하게 썰어요.

2 볼에 무, 소금, 설탕을 넣고 30분간 절여요. 그 다음 고춧가루를 넣고 버무려 무를 붉게 물들여요.

3 식초와 물을 붓고 골고루 섞은 뒤 냉장고에 하루 이상 두었다가 먹어요.

 **아이가 아직 어리기도 하고 매운 걸 잘 못 먹어요.
재료에서 고춧가루를 빼도 맛이 있을까요?**

아직 매운 맛에 적응하지 못한 어린 아이라면 약간의 고춧가루에도 민감하게 반응할 수 있어요. 고춧가루의 양을 확 줄이거나 아예 빼도 돼요. 그러면 하얀 색의 새콤달콤한 무생채가 됩니다. 아이 연령에 맞게 고춧가루의 양을 조절해 주세요.

콩가루가 된장의 쓴맛을 부드럽게 보완해줘요.
배추는 너무 많이 익히지 말고 아삭한 느낌을 살려주세요.

배추된장무침

 STEP 1

 STEP 2

 STEP 3

 황금 3단계 레시피

○ **조리 시간 20분**

○ **재료**
배추 10장
콩가루 1숟가락
소금 약간

○ **양념**
된장·들기름 2숟가락씩
다진 대파 1숟가락
소금·통깨 약간씩

1 배추는 깨끗한 물에 씻은 뒤 2cm 폭으로 썰어요.

2 소금 약간을 넣어 끓인 물에 배추를 살짝 데쳐요. 건져내 체에 밭쳐 한 김 식힌 뒤 물기를 짜요.
mom's tip. 배추는 숨이 죽어 부드러워지면 바로 건져내요.

3 볼에 배추와 양념 재료를 넣고 버무린 뒤 콩가루를 넣고 조물조물 무쳐요.

 콩가루가 없으면 빼도 되나요?

상관은 없지만 콩가루를 넣으면 훨씬 고소한 맛이 나 아이가 잘 먹어요. 없을 경우 통깨를 곱게 갈아 넣어도 된답니다.

깻잎 특유의 고소하고 쌉싸름한 향 때문에 처음에는 거부할지도 몰라요.
작게 다지듯 잘라 넣어주세요. 씹을수록 느껴지는 그 중독성 강한 맛에 차차 익숙해질 거예요.

깻잎순 두부무침

STEP 1

STEP 2

STEP 3

 황금 3단계 레시피

- **조리 시간 15분**
- **재료**
  깻잎순 5줌(약 150g)
  두부 1/4모
- **양념**
  간장 1숟가락
  다진 마늘 1/3숟가락
  참기름 2숟가락
  소금·통깨 약간씩

1 깻잎순은 끓는 물에 살짝 데쳐 숨이 죽으면 바로 건져내고 찬물에 헹군 뒤 물기를 짜요.

2 두부는 곱게 으깬 뒤 키친타월에 올려 물기를 제거해요.

3 볼에 깻잎순, 으깬 두부, 양념 재료를 넣고 가볍게 버무려요.

 두부는 왜 넣는 건가요?

두부를 으깨 넣으면 부드러운 맛이 더해져 아이들이 잘 먹어요. 깻잎의 강한 향을 조금 눌러주기도 하고요. 하지만 두부의 물기를 제거하지 않으면 오히려 축축해져 역효과가 나니 주의하세요.

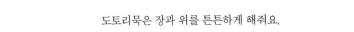

도토리묵은 장과 위를 튼튼하게 해줘요.
부드럽게 넘어가 소화도 잘 되고 뽀득뽀득 식감이 좋아 아이들이 매우 좋아한답니다.

도토리묵무침

 STEP 1

 STEP 2

 STEP 3

 황금 3단계 레시피

○ **조리 시간 20분**

○ **재료**
도토리묵 1/2모, 김치 2줄기
오이 1/4개, 쑥갓 3줄기
김가루 1줌

○ **양념장**
간장 1숟가락
참기름 2숟가락
고춧가루 · 설탕 1/3숟가락씩
통깨 약간

1 도토리묵은 2×3cm 크기로 네모 썰고, 오이는 세로로 길게 반 갈라 반달 썰어요. 쑥갓은 3cm 길이로 자르고, 김치는 송송 썰어요.

2 분량의 재료를 섞어 양념장을 만들어요.

3 볼에 도토리묵, 김치, 오이, 양념장을 넣고 가볍게 버무린 뒤 쑥갓과 김가루를 얹어 내요.

 남은 도토리묵을 냉장고에 두었더니 금세 단단해지네요?

원하는 크기로 잘라 체에 올리고 끓는 물을 부으면 다시 부드러워져요.

필수 아미노산이 풍부해 아이들 성장 발육을 돕는 1등 반찬이에요.
말랑말랑하면서 쫀득한 식감은 아이들의 입맛을 단번에 사로잡아요.

청포묵미나리무침

 황금 3단계 레시피

○ **조리 시간 15분**

○ **재료**
청포묵 1모, 미나리 5줄기
김가루 3숟가락

○ **양념**
참기름 2숟가락
소금·통깨 약간씩

1 청포묵은 사방 1cm 크기로 깍둑 썬 뒤 끓는 물에 살짝 데쳐요.

2 깨끗하게 손질한 미나리도 끓는 물에 살짝 데치고 2cm 길이로 잘라요.

3 볼에 청포묵, 미나리, 양념 재료, 김가루를 넣고 가볍게 버무려요.

 조미김을 사용해도 괜찮나요?

조미김은 간이 되어 있어요. 아이가 어릴수록 단맛과 짠맛을 최소화하는 것이
좋아요. 되도록 일반 김을 사용하고 소금의 양을 줄여주세요.

아이들이 반찬 투정을 할 때면 늘 등장하는 마법의 진미채!
맨 밥에 얹어주면 어느새 한 그릇 뚝딱 해치운답니다.

달콤 진미채

STEP 1

STEP 2

STEP 3

황금 3단계 레시피

○ **조리 시간 15분**

○ **재료**
진미채 2줌, 마요네즈 3숟가락

○ **양념**
간장·맛술 1숟가락씩
올리고당 2숟가락
통깨 약간

1 진미채는 가위를 이용해 3cm 길이로 잘라요.

2 비닐랩을 덮어 전자레인지에 1분간 데운 뒤 마요네즈에 골고루 버무려요.

3 양념 재료를 넣고 조물조물 무쳐요.

 진미채가 너무 딱딱해요.

젖은 면보 위에 진미채를 얇게 편 다음 돌돌 말아서 냉장고에 하룻밤 정도 두었
다가 무치면 오랫동안 부드럽게 먹을 수 있어요.

그냥 먹어도 맛있고 무쳐 먹으면 더 맛있는 김! 김무침은 저도, 남편도,
아이도 좋아하는 반찬이에요. 주먹밥에 활용해도 정말 맛있답니다.

김무침

 STEP 1

 STEP 2

 STEP 3

 황금 3단계 레시피

○ **조리 시간 10분**

○ **재료**
김 20장, 실파 3줄기

○ **양념장**
간장 1숟가락
참기름 3숟가락
식초·설탕 2숟가락씩
통깨 약간

1 실파를 송송 썰고, 분량의 재료를 섞어 양념장을 만들어요.

2 약한 불로 김을 살짝 굽고 비닐봉지에 넣어 잘게 부숴요.

3 볼에 김과 양념장을 넣고 가볍게 무친 뒤 실파를 뿌려내요.

 김을 꼭 구워야 하나요?

김을 굽지 않으면 날 냄새가 나서 좋지 않아요. 게다가 살짝 구워주면 더 맛있
어져요. 불에 직접 닿게 김 굽는 것이 어려우면 약한 불에 마른 팬을 올리고 그
위에 김을 올려 앞뒤로 살짝만 구워주세요.

양배추초무침

양배추를 곱게 채 썰고,
새우와 오이로 고운 색을 냈어요.
다양한 식재료의 식감이
먹는 즐거움을 준답니다.

황금 3단계 레시피

○ **조리시간 20분**

○ **재료**
 오이 1/4개
 양배추 6장, 새우살 1줌

○ **양념장**
 식초 3숟가락
 설탕 1½숟가락, 간장 1숟가락
 참기름·소금·통깨 약간씩

1 오이는 필러로 껍질의 돌기 부분만 가볍게 깍아낸 뒤 채 썰어요. 양배추도 비슷한 크기로 채 썰고, 분량의 재료를 섞어 양념장을 만들어요.

2 새우살은 끓는 물에 살짝 데쳐 붉은 기가 돌면 건져서 식혀요.
 mom's tip. 새우살 대신 칵테일 새우를 넣어도 돼요.

3 볼에 새우살, 양배추, 오이, 양념장을 넣고 가볍게 버무려요.

마늘종새우볶음

봄 제철재료인 마늘종에는
비타민이 듬뿍 들어있어요.
고소하고 짭조름한 새우와 함께
달짝지근하게 볶아
맛있게 기운 충전시켜주세요.

STEP 1

STEP 2

STEP 3

 황금 3단계 레시피

○ **조리시간 25분**

○ **재료**
  마늘종 20줄기, 건새우 1컵
  국간장·설탕 1/2숟가락씩
  참기름·올리고당 1숟가락씩
  오일·통깨·소금 약간씩

1 마늘종은 4cm 길이로 잘라요. 소금을 약간 넣은 끓는 물에 마늘종을 살짝 데치고
  찬물에 헹궈 물기를 빼요.
  mom's tip. 마늘종을 데치지 않고 바로 볶으면 보관 중에 물이 생겨요.

2 건새우는 체에 올려 잔가루를 털어내고 마른 팬에 약한 불로 볶아둬요.

3 오일을 두른 팬에 마늘종을 볶다가 국간장, 설탕, 건새우를 넣고 함께 볶아요. 재료
  에 간이 배면 참기름, 올리고당, 통깨를 넣고 빠르게 뒤적여요.

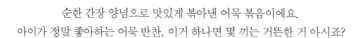

순한 간장 양념으로 맛있게 볶아낸 어묵 볶음이에요.
아이가 정말 좋아하는 어묵 반찬, 이거 하나면 몇 끼는 거뜬한 거 아시죠?

어묵간장볶음

 STEP 1

 STEP 2

 STEP 3

황금 3단계 레시피

- **조리 시간 15분**

- **재료**
  어묵 250g, 곤약 80g
  양파 1/4개, 당근 1/6개
  쪽파 2줄기
  오일 약간

- **양념**
  간장 2숟가락
  굴소스 · 올리고당 1/2숟가락씩
  통깨 약간

1 어묵과 곤약은 2×4cm 크기로 썰어요. 양파와 당근은 굵게 채 썰고, 쪽파는 송송 썰어요.

2 오일을 두른 팬에 양파, 당근, 어묵, 곤약 순으로 넣어 중불로 볶아요.

3 양념 재료를 넣고 함께 볶은 뒤 쪽파를 넣고 재빠르게 뒤적여요.

 어묵을 데치지 않고 사용해도 되나요?

괜찮아요. 하지만 어묵 성분에 대한 걱정 때문에 아이에게 그대로 먹이기 꺼려진다면 체에 어묵을 담고 끓는 물을 부어 기름기를 제거한 뒤 쓰세요.

감자스팸볶음

스팸을 감자와 함께 볶았더니
아이가 정말 좋아해요.
스팸 자체에도 간이 되어 있으니
소금은 빼거나 줄여도 된답니다.

 황금 3단계 레시피

○ **조리시간 20분**

○ **재료**
    감자(中) 1개
    스팸(小) 1/2캔
    쪽파 2줄기
    오일·소금·후춧가루 약간씩

1 감자는 사방 1cm 크기로 깍둑 썰어 찬물에 10분간 담가 전분기를 제거한 뒤 체에 받쳐 물기를 빼요.

2 스팸도 감자와 비슷한 크기로 썰고, 쪽파는 송송 썰어요.

3 오일을 두른 팬에 감자를 넣고 중불로 볶다가 스팸을 추가해 함께 뒤적여요. 쪽파, 소금, 후춧가루를 넣어 간해요.

애호박버섯볶음

여름철 더위를 이기는 대표적인
채소인 애호박은 가격도 저렴하고
맛도 좋아 손이 자주 가요.
볶을 때 약간의 새우젓을 첨가하면
잘 뭉그러지지 않아요.

 황금 3단계 레시피

○ **조리시간 25분**

○ **재료**
애호박 1개, 표고버섯 3개
대파(길이 10cm) 1대
들기름 2숟가락
통깨·소금·후춧가루 약간씩

1 표고버섯과 애호박은 굵게 채 썰고, 대파는 잘게 다져요.

2 애호박은 소금을 뿌려 10분간 절인 뒤 손으로 가볍게 짜 물기를 제거해요.

3 들기름을 두른 팬에 애호박과 표고버섯을 넣고 약한 불로 볶다가 재료의 숨이 죽으면 대파, 통깨, 소금, 후춧가루로 간해요.
   mom's tip. 들기름에 볶으면 훨씬 고소한 맛이 나요. 없을 경우에는 다른 오일로 대체해도 좋아요.

성장기 아이에게 좋은 영양소가 가득한 브로콜리를 활용한 반찬이에요.
섬유질도 풍부하고 눈 건강에도 좋은 브로콜리로 아이 건강을 챙겨주세요.

브로콜리양송이볶음

 STEP 1

 STEP 2

 STEP 3

황금 3단계 레시피

○ **조리 시간 20분**

○ **재료**
브로콜리 1/4개
양송이버섯 5개, 양파 1/3개
모차렐라치즈 1/2컵
오일 · 소금 · 후춧가루 약간씩

1 브로콜리는 송이송이 떼고, 양파는 굵게 다지고, 양송이버섯은 4등분해요.

2 오일을 두른 팬에 양파, 브로콜리, 양송이버섯 순으로 넣고 약한 불로 볶다가 소금, 후춧가루로 간해요.

3 모차렐라치즈를 듬뿍 얹고 뚜껑을 덮어 약한 불로 치즈를 녹여요.

 브로콜리 줄기는 버리나요?

브로콜리는 줄기에도 영양분이 많아요. 버리지 말고 얇게 편 썰어 요리에 넣고 함께 볶아보세요. 또는 도톰하게 한 입 크기로 잘라 아주 살짝만 데친 뒤 초장에 찍어 먹어도 맛있어요.

무나물

달큰하고 고소한 맛이 일품이에요.
면역력도 키우고 기관지에도 좋은
무를 활용한 기본 반찬입니다.

 황금 3단계 레시피

○ **조리시간 25분**

○ **재료**
　무(두께 15cm) 1토막
　들기름 2숟가락
　쪽파 2줄기
　물 1/4컵, 통깨·소금 약간씩

1 무는 굵게 채 썰어요.

2 들기름을 두른 두툼한 냄비에 무를 넣고 약한 불로 볶다가 물을 부어요. 뚜껑을 덮은 채 10분간 끓여요.

3 통깨와 소금으로 간 한 뒤 송송 썬 쪽파를 넣고 뒤적여요.

감자채볶음

감자는 몸에 쌓인 나트륨 배출에
탁월한 기능이 있어요.
달달하고 고소한 맛에
아이들이 거부감 없이 잘 먹어요.

STEP 1

STEP 2

STEP 3

 황금 3단계 레시피

○ **조리시간 25분**

○ **재료**
　감자(中) 2개, 당근 1/4개
　양파 1/3개, 쪽파 3줄기
　오일 2숟가락
　참기름 1/2숟가락
　통깨·소금·후춧가루 약간씩

1 감자는 굵게 채 썰고 찬물에 10분간 담가 전분기를 제거한 뒤 체에 밭쳐 물기를 빼요.
　　mom's tip. 감자의 전분기를 제거하지 않으면 볶을 때 팬에 들러붙거나 으깨지기 쉬워요.

2 당근와 양파는 곱게 채 썰고, 쪽파는 송송 썰어요.

3 오일을 두른 팬에 감자, 당근, 양파를 넣고 중불에서 볶다가 쪽파, 참기름, 통깨, 소금, 후춧가루를 넣고 간해요.

가지는 열이 많은 아이에게 특히 좋아요.
여름철 걸리기 쉬운 식중독을 예방하는 데도 좋다는 거 알고 계신가요?
아이가 좋아하는 고기와 함께 볶아 영양가를 높였어요.

소고기가지볶음

황금 3단계 레시피

○ **조리 시간 15분**

○ **재료**
소고기(다짐육) 100g
가지 1개
대파(길이 10cm) 2대
다진 마늘 1/2숟가락
오일 약간

○ **양념장**
간장 1½숟가락
설탕·참기름 1/2숟가락씩

1 가지는 길이로 반 갈라 0.3cm 두께로 어슷 썰고, 대파는 송송 썰어요. 분량의 재료를 섞어 양념장을 만들어요.

2 오일을 두른 팬에 다진 마늘을 넣고 약한 불로 볶아 향을 낸 다음 소고기를 넣고 함께 볶아요.

3 소고기의 색이 갈색으로 변하면 가지와 대파를 넣고 함께 볶다가 채소의 숨이 죽으면 양념장을 붓고 가볍게 볶아요.

★ 엄마 • 아빠 요리 ★

고추장 1숟가락과 홍고추를 송송 썰어 넣고 함께 볶으면 매콤한 가지볶음이 돼요.

팽이잡채

잡채에 당면 대신
팽이버섯을 활용하면
영양가는 높고, 칼로리는 낮은
안성맞춤 일등 반찬이 완성된답니다.

 황금 3단계 레시피

○ **조리시간 15분**

○ **재료**
  팽이버섯 1봉지, 양파 1/2개
  당근 1/6개, 애호박 1/4개

○ **양념장**
  간장·참기름 1숟가락씩
  설탕 1/2숟가락
  오일·통깨·소금 약간씩

1 팽이버섯은 밑동을 잘라낸 뒤 굵직하게 가르고, 양파, 당근, 애호박은 채 썰어요.

2 분량의 재료를 섞어 양념장을 만들어요.

3 오일을 두른 팬에 양파, 당근, 애호박, 팽이버섯 순으로 넣어 중불로 볶다가 채소의
   숨이 죽으면 양념장을 붓고 재빨리 뒤적여요.
   mom's tip. 팽이버섯은 아삭한 식감이 살아야 맛있어요. 양념장을 넣고 살짝만 뒤적인 뒤
   바로 불을 꺼야 팽이버섯의 아삭거리는 식감을 살릴 수 있어요.

버터향 버섯볶음

버터향에 식욕 100% 충전! 향으로
먼저 먹고 쫀득한 버섯과 새우를
함께 씹어 먹으면 순식간에 밥 한
그릇 뚝딱 해치운답니다.

 황금 3단계 레시피

○ **조리시간 15분**

○ **재료**
   미니 새송이버섯 3줌(약 150g)
   칵테일새우 10개
   쪽파 2줄기
   잣 2숟가락, 버터 1숟가락
   소금 약간

1 미니 새송이버섯은 길이로 이등분하고, 쪽파는 송송 썰고, 잣은 굵게 다져요.

2 버터를 녹인 팬에 새송이버섯과 칵테일새우를 넣고 중불로 볶아요.
   mom's tip. 냉동 칵테일새우는 상온에서 10분간 해동시킨 뒤에 사용해요. 냉동된 채로 바
   로 넣어 볶으면 물이 생기거든요.

3 소금으로 간하고, 다진 잣과 쪽파를 뿌려내요.

시금치
스크램블에그

초록, 노랑, 분홍 맛있는 컬러들이
아이들의 시각을 자극해요.
맛있는 조합으로
맛깔난 반찬을 만들어주세요.

 STEP 1

 STEP 2

 STEP 3

 황금 3단계 레시피

○ **조리시간 15분**

○ **재료**
   햄 50g
   시금치 1단, 양파 1/4개
   달걀 2개, 우유 3숟가락
   오일·소금 약간씩
   케첩 약간

1 햄, 양파, 시금치는 굵게 다져요.

2 달걀에 소금과 우유를 넣고 곱게 푼 뒤 1을 넣고 섞어요.
   mom's tip. 우유는 안 넣어도 되지만 넣어주면 더 부드럽고 푹신한 식감의 스크램블이 돼요.

3 오일을 두르고 달군 팬에 2를 약한 불에서 젓가락으로 저어 부드럽게 스크램블 한
   다음 케첩을 곁들여내요.

토마토달걀볶음

달걀 스크램블에 새로운 재료를
조합해보면 어떨까요?
저는 그린빈과 토마토를 함께
볶아 봤답니다. 씹는 맛이 다양해져
아이가 거부감 없이 잘 먹어요.

 황금 3단계 레시피

○ **조리시간 15분**

○ **재료**
　방울토마토 · 그린빈 5개씩
　달걀 2개, 우유 3숟가락
　오일 · 소금 약간씩

1 방울토마토는 반으로 자르고, 그린빈은 3cm 길이로 잘라요.

2 달걀에 소금과 우유를 넣고 곱게 풀어요.

3 오일을 두른 달군 팬에 방울토마토와 그린빈을 넣고 소금을 살짝 뿌려 중불로 볶다
가 팬 옆으로 **2**를 흘리듯이 부어요. 약한 불로 줄여 젓가락으로 살살 저어가며 부드
럽게 스크램블하다가 함께 볶아요.

김치를 살짝 씻어 매운기를 없앤 다음 스팸이랑 볶아주면 맛있는 아이 반찬이 됩니다.
밥이랑 함께 볶아주면 김치볶음밥 완성! 반찬 없는 날 이만한 것이 없죠.

스팸김치볶음

 STEP 1

 STEP 2

 STEP 3

 황금 3단계 레시피

○ **조리 시간 15분**

○ **재료**
배추김치 1/4포기
스팸(小) 1/2캔
양파 1/4개, 쪽파 4줄기
들기름 2숟가락
설탕 1/2숟가락, 통깨 약간

1 배추김치는 속을 털어내고 흐르는 물에 가볍게 헹궈 2cm 폭으로 썰고, 스팸은 사방 0.7cm 크기로 깍둑 썰고, 양파와 쪽파는 굵게 다져요.
mom's tip. 배추김치가 없으면 총각김치나 깍두기 등 다른 김치류로 대체해주세요. 아삭아삭 식감 때문에 더 맛있게 먹을지도 몰라요.

2 두툼한 냄비에 양파와 스팸을 넣고 볶아요.

3 김치, 설탕, 들기름을 넣고 약한 불로 뭉근하게 볶다가 쪽파와 통깨를 뿌려요.

★ 엄마 • 아빠 요리 ★

고춧가루 1/2숟가락, 송송 썬 청양고추를 약간 넣고 볶으면 칼칼하니 더 맛있어져요.

갓 지은 밥 위에 조금씩 얹어 먹으면 그렇게 맛있을 수가 없어요.
견과류를 넣고, 올리고당으로 꾸덕하게 볶아주면 나도 모르게 자꾸 손이 가요.

달콤 잔멸치볶음

 STEP 1

 STEP 2

 STEP 3

황금 3단계 레시피

○ **조리 시간 10분**

○ **재료**
   잔멸치 2컵
   견과류(호두·땅콩·호박씨·
   아몬드 등) 1/2컵
   올리고당 2숟가락
   오일·통깨 약간씩

○ **양념장**
   참기름·맛술 2숟가락씩
   간장·설탕 1숟가락씩

1 잔멸치는 체에 올려 가루를 털어낸 뒤 오일을 두른 팬에 약한 불로 살짝 볶아요.

2 분량의 양념장 재료를 섞은 뒤 **1**에 넣어 재빨리 뒤적여요.

3 불을 끈 뒤 견과류와 올리고당을 넣어 가볍게 버무리고 통깨를 뿌려내요.

 잔멸치를 먼저 볶았더니 더 딱딱해진 느낌이 들어요.

마른 잔멸치는 오래 두고 사용하는 식재료예요. 보관 중 생긴 비린내와 수분을 날리는 과정이 필요해서 볶는 과정을 꼭 거치는 것이 좋아요. 단, 약한 불에서 잠깐만 볶아야 딱딱해지지 않는답니다.

81

매운맛에 조금 길들여진 아이에게 시도해보세요.
아직 매운맛에 익숙하지 않은 어린 아이에게는 고추기름이나 고추장의 양을 조금씩 줄여주세요.

매콤 잔멸치볶음

 황금 3단계 레시피

○ **조리 시간 10분**

○ **재료**
잔멸치 2컵, 잣 3숟가락
쪽파 2줄기
올리고당 2숟가락
참기름 1숟가락

○ **양념장**
고추기름·맛술 2숟가락씩
고추장·간장·설탕 1/2숟가락씩

1 잔멸치는 체에 올려 가루를 털어낸 뒤 마른 팬에서 약한 불로 살짝 볶아요.

2 두툼한 팬에 분량의 양념장 재료를 모두 넣고 센 불로 한소끔 끓여요.

3 잔멸치와 잣을 넣고 뒤적인 뒤 불을 끄고 올리고당, 참기름, 송송 썬 쪽파와 함께 버무려요.

 올리고당을 불을 끄고 넣는 이유가 있나요?

불을 끄고 넣어야 양념이 엉키지 않고, 식은 뒤에도 멸치가 딱딱해지지 않아 오래 두고 먹기 좋아요.

단백질과 칼슘이 듬뿍 들어있는 건새우는 우리 집 식탁에 자주 등장하는 식재료랍니다.
고단백 저칼로리 일등 주자로 다이어트에도 좋아요. 살짝 매콤한 양념으로 감칠맛도 더했어요.

건새우볶음

STEP 1

STEP 2

STEP 3

황금 3단계 레시피

○ **조리 시간 10분**

○ **재료**
  건새우 2컵, 올리고당 1숟가락

○ **양념장**
  고추기름 2숟가락
  간장·설탕 1숟가락씩
  통깨 약간

1 건새우는 체에 올려 잔가루를 털어내고 마른 팬에 약한 불로 살짝 볶아요.

2 두툼한 팬에 분량의 양념장 재료를 넣고 센 불로 한소끔 끓여요.

3 2에 건새우를 넣고 약한 불에서 뒤적인 뒤 불을 끄고 올리고당을 넣어 버무려요.

★ 엄마·아빠 요리 ★

고추장 1/2숟가락과 고추기름 1숟가락을 넣어
매운 맛을 더해요.

따끈한 밥과 오징어채만 있으면 밥 한 그릇 뚝딱 문제없어요.
짜지 않아 자꾸만 손이 갑니다.

달콤 오징어실채

 황금 3단계 레시피

○ 조리 시간 10분

○ 재료
오징어실채 4줌(약 200g)

○ 양념
간장·고추기름·설탕 1숟가락씩
오일 2숟가락, 통깨 약간

1 오징어실채는 먹기 좋은 크기로 듬성듬성 잘라요.

2 볼에 오징어실채와 양념 재료를 넣고 골고루 버무려요.

3 마른 팬을 달군 뒤 2를 넣고 약한 불로 빠르게 볶아요.

 오징어실채를 볶자마자 갑자기 쪼그라들었어요.

매우 약한 불에서 빠르게 볶아야 해요. 센 불에서 볶으면 단단하고 질겨져요.
그래서 양념으로 먼저 버무린 다음 볶는 거예요.

비엔나소시지 볶음

톡톡 터지는 식감의
국민 반찬 비엔나소시지에
케첩을 넣고 맛있게 볶아주세요.
밥투정은 사라지고
식탁에 평화가 찾아옵니다.

STEP 1

STEP 2

STEP 3

황금 3단계 레시피

○ **조리시간 20분**

○ **재료**
비엔나소시지 20개
양파 1/2개
노랑·주황 미니 파프리카 1개씩
브로콜리 1/6개, 오일 약간

○ **양념**
케첩 3숟가락
돈가스소스 1숟가락, 통깨 약간

1 비엔나소시지 표면에 사선으로 칼집을 3개 내고 체에 올린 다음 뜨거운 물을 부어 기름기를 빼요.
   mom's tip. 소시지에 칼집을 넣어야 간도 쏙쏙 잘 배고 모양도 예뻐요.

2 양파와 파프리카는 사방 2cm 크기로 네모 썰고, 브로콜리는 송이송이 떼요.

3 오일을 두른 달군 팬에 양파와 파프리카, 비엔나소시지, 브로콜리 순으로 넣어 중불로 볶다가 양념 재료를 넣고 골고루 뒤적여요.

간장감자조림

맛있는 감자를 간장에 조려봤어요.
한 입 크기로 잘라 먹기 좋게 말이죠.
자꾸만 집어먹어서
말려야 할 정도로 인기랍니다.

 황금 3단계 레시피

○ **조리시간 25분**

○ **재료**
감자(中) 3개
다진 마늘 1/2숟가락, 오일 2숟가락
통깨·참기름 약간씩

○ **양념**
간장 3숟가락
올리고당 2숟가락, 물 1/3컵

1 감자는 껍질을 벗기고 듬성듬성 자른 뒤 물에 10분간 담가 전분기를 제거해요.

2 오일을 두른 두툼한 냄비에 감자와 다진 마늘을 볶다가 감자가 익기 시작하면 양념
재료를 넣어요. 뚜껑을 덮고 약한 불로 끓여요.

3 보글보글 끓으면 뚜껑을 열고 색이 고르게 나도록 국물을 끼얹어가며 조린 뒤 통깨
와 참기름을 뿌려요.

우엉은 신장의 기능을 향상시키고 섬유질이 풍부해 배변활동을 촉진시켜줘
변비로 고생하는 아이들에게 강력 추천하는 식재료예요.
다이어트에도 좋으니 비만이 될까 걱정된다면 꼭 챙겨 먹여주세요.

우엉조림

 황금 3단계 레시피

○ **조리 시간 25분**

○ **재료**
  우엉 5대, 올리고당 2숟가락
  참기름 1숟가락, 물 적당량
  통깨·식초 약간씩

○ **양념**
  간장 3숟가락, 설탕 2숟가락
  맛술·생강즙 1숟가락씩

1 우엉은 필러로 껍질을 벗긴 뒤 채 썰고, 식초를 넣은 물에 10분간 담가 두었다 빼 물기를 제거해요.

2 냄비에 우엉과 우엉이 잠길 정도의 물을 붓고 뚜껑을 덮어요. 약한 불로 끓이다가 우엉이 익으면 양념 재료를 넣고 뚜껑을 연 채로 중불에서 조려요.

3 국물이 자작해지면 센 불로 올려 우엉에 색이 배게 두었다가 불을 끄고 올리고당, 참기름, 통깨를 넣어 빠르게 버무려요.

 우엉을 손질하는 도중에 색이 변해버렸어요.

손질한 우엉을 바로 사용하지 않을 경우에는 식초를 약간 넣은 물에 담가두세요. 갈변을 막고 아린 맛까지 제거할 수 있어요.

✦

연근에는 몸에 해로운 성분이 없어요. 비타민C, 철분이 많이 포함되어 있고 열을 내리는 데도 매우 좋아요.
생김새도 재미있어 아이들이 호기심을 갖고 잘 먹어요.

연근조림

 STEP 1
 STEP 2
 STEP 3

 황금 3단계 레시피

○ **조리 시간 30분**

○ **재료**
  연근(中) 1개
  올리고당 2숟가락
  참기름 1숟가락, 물 적당량
  식초 약간

○ **양념**
  간장 4숟가락, 설탕 3숟가락
  맛술 2숟가락

1 필러로 연근 껍질을 벗기고 0.5cm 두께로 통 썰어요.

2 식초를 약간 넣은 물에 연근을 넣고 뚜껑을 덮어 약한 불로 끓여요. 연근이 익으면 양념 재료를 모두 넣고 뚜껑을 연 채로 중불로 조려요.

3 국물이 자작해지면 센 불로 올려 연근에 색이 배게 두었다가 불을 끄고 올리고당과 참기름를 넣어 버무려요.

 처음부터 양념을 넣고 같이 끓이면 맛이 더 잘 나지 않을까요?

처음부터 양념을 넣어 조리면 양념이 탈 수도 있어요. 연근을 익힌 뒤에 양념을 넣어주세요. 그리고 물엿이나 올리고당은 국물이 거의 없어질 때쯤 넣고 섞어 줘야 윤기가 잘 살아요.

콩자반 레시피는 간단하지만 콩 불리는 시간 때문에 한참을 기다려야 먹을 수 있어요.
그러나 그만큼 맛도 있고 영양가도 높아 충분한 가치가 있는 반찬이랍니다.

검은콩자반

STEP 1   STEP 2   STEP 3

황금 3단계 레시피

○ **조리 시간 40분**
   (콩 불리는 시간 제외)

○ **재료**
   서리태 2컵
   (서리태 불린 물 2컵)
   올리고당 2숟가락
   참기름 1숟가락
   통깨·소금 약간씩

○ **양념**
   간장 4숟가락, 설탕 2숟가락

1 서리태는 물에 담가 반나절 이상 불려요. 냄비에 불린 물 2컵과 서리태, 소금을 넣고 뚜껑을 연 채 약한 불로 끓여요.

2 동동 뜬 거품을 걷어가며 콩물이 절반 정도로 줄어들 때까지 끓인 뒤 양념 재료를 넣어요.

3 뚜껑을 반만 덮고 약한 불로 조리다가 국물이 자작해지면 올리고당을 넣고 섞은 뒤 참기름과 통깨를 넣어요.

 시간이 지날수록 단단해져 먹기가 불편해요.

서리태를 반나절 이상 충분히 불려줘야 해요. 최소 5시간 이상은 불려주세요. 그리고 서리태가 완전히 삶아지기 전에 양념을 넣으면 단단해져서 안 돼요. 레시피대로 서리태를 푹 삶은 뒤에 양념을 넣고 잘 조려주세요. 그럼 말랑말랑 부드러운 콩자반이 완성됩니다.

감자샐러드

감자를 포슬포슬하게 삶아
삶은 달걀과 함께 으깨주세요.
부드러운 식감 덕에 입맛이 예민한
아이도 부담 없이 잘 먹어요.

 황금 3단계 레시피

◦ **조리시간 30분**

◦ **재료**
감자(中) 2개, 당근 1/6개
브로콜리 1/6개, 삶은 달걀 2개
마요네즈 5숟가락, 소금 약간

1 감자는 필러로 껍질을 벗겨 듬성듬성 자르고, 브로콜리와 당근은 굵게 다져요. 삶은
달걀은 흰자만 듬성듬성 잘라요.

2 감자는 끓는 물에 푹 삶아 으깨고, 브로콜리와 당근도 살짝 데쳐요. 볼에 감자, 당근,
브로콜리, 달걀흰자, 마요네즈를 넣고 버무려요.
mom's tip. 감자를 삶을 때는 소금을 약간 넣어주세요. 삶은 감자는 덩어리가 살짝 씹힐
정도로만 으깨야 식감이 좋아요.

3 소금으로 간하고, 달걀노른자를 체에 내려 뿌려요.

견과류조림

달짝지근하고 쫀득한 견과류의
맛과 영양, 식감까지
아이들 반찬으로 이만한 것이 없죠.

STEP 1　STEP 2　STEP 3

 황금 3단계 레시피

○ 조리시간 15분

○ 재료
　갖은 견과류(땅콩, 호두, 호박씨 등) 2컵
　오일 2숟가락, 올리고당 1숟가락

○ 양념
　간장 2숟가락, 설탕 3숟가락

1 끓는 물에 견과류를 넣고 30초간 데친 뒤 물기를 제거해요.
　mom's tip. 견과류 껍질에서 나오는 쓴맛과 이물질을 제거하려면 두 번 정도 데쳐 사용하는 것이 좋아요.

2 오일을 두른 팬에 1을 넣어 약한 불로 볶다가 양념 재료를 모두 넣고 재빨리 뒤적여요.

3 견과류에 양념이 배면 불을 끄고 올리고당으로 촉촉하게 버무려요.

97

담백한 두부를 저염 간장으로 맛있게 조렸어요.
짜지 않아 아이가 부담 없이 먹기 좋을뿐더러 어른 입맛에도 잘 맞는답니다.

두부간장조림

 황금 3단계 레시피

○ **조리 시간 20분**

○ **재료**
두부 1모, 오일 · 소금 약간씩

○ **양념장**
간장 2숟가락
맛술 · 설탕 · 올리고당 1숟가락씩
참기름 1/2숟가락, 물 1/3컵

1 두부는 사방 4cm, 두께 1cm로 정도 크기로 잘라 키친타월에 올려 물기를 제거하고, 분량의 재료를 섞어 양념장을 만들어요.

2 오일을 두르고 달군 팬에 두부를 얹고 소금을 뿌려가며 중불에서 앞뒤로 노릇하게 부쳐요.

3 양념장을 붓고 국물이 자작해질 때까지 중불로 조려요.
mom's tip. 조릴 때는 프라이팬 뚜껑을 덮어주세요.

두부를 부치는 과정을 건너뛰고 양념장과 함께 조리면 안 되나요?

부치는 과정을 건너뛰고 바로 조리기 시작하면 부드러운 두부조림이 만들어지지만 모양이 쉽게 부서질 수 있어요. 하지만 부친 뒤에 조리면 모양도 유지되고 더 고소한 맛이 납니다.

그릇을 뒤덮을 만큼 풍성한 달걀찜도 좋은데, 가끔은 입에서 사르르 녹아내리는 부드러운 달걀찜이 생각나요.
특히 아픈 아이에게 주면 쉽게 잘 넘겨요.

일본식 달걀찜

황금 3단계 레시피

조리 시간 15분

재료
달걀 2개, 육수 1/2컵
맛술 1숟가락, 새우살 2개
부추 · 소금 약간씩

1 달걀을 곱게 풀고 육수와 맛술, 소금을 넣어 섞어요.

2 **1**을 체에 내린 뒤 1인용 그릇에 나눠 담고 쿠킹호일로 덮어요.

3 냄비에 물이 끓으면 약한 불로 줄이고 그릇을 통째로 넣어 중탕해요. 달걀 표면이 완전히 단단해지기 전에 새우살을 올린 뒤 불을 꺼주세요. 5분간 뜸을 들이다가 그릇을 꺼내 1cm 길이로 자른 부추를 얹어내요.

중탕이 익숙하지 않아요. 냄비에 물을 어느 정도 넣어야 하나요?

중탕하기 전 미리 냄비에 그릇을 넣고 그릇의 약 3cm 가량이 잠기도록 물을 부어요. 그러면 물 양을 대충 짐작해볼 수 있겠죠?

아이가 채소를 거부한다면 달걀찜 속에 쏙 숨겨주세요. 새로운 채소를 먹일 때마다 시도했던 방법이에요.
처음엔 아주 작게 다져 넣고 맛에 익숙해지면 점점 크기를 키워주면 된답니다.

채소달걀찜

STEP 1

STEP 2

STEP 3

 황금 3단계 레시피

○ **조리 시간 15분**

○ **재료**
달걀 2개, 양파 1/4개
당근 1/6개
쪽파 3줄기
물 1/4컵, 소금 약간

1 양파, 당근, 쪽파는 곱게 다져요.

2 달걀에 소금을 넣어 곱게 푼 뒤 **1**을 넣고 골고루 섞어요.

3 뚝배기에 물을 넣고 끓기 시작하면 **2**를 붓고 재빨리 휘저은 뒤 뚜껑을 덮어요. 약한 불에서 10분간 뭉근하게 익혀요.

 달걀찜이 자꾸만 타요. 더 쉬운 방법은 없나요?

달걀물 담은 용기를 전자레인지에 넣고 2~3분간 돌려도 됩니다.

매콤 두부조림

담백한 두부가 매운맛을
살짝 중화시켜줘
매운맛에 입문할 때 시도해보면
좋을 메뉴랍니다.

황금 3단계 레시피

○ **조리시간 20분**

○ **재료**
두부 1모, 대파(길이 10cm) 1대
양파 1/2개, 오일·소금 약간씩

○ **양념장**
간장 2숟가락
맛술·설탕 1숟가락씩
고춧가루·다진 마늘 1/2숟가락씩
물 1/3컵

1 두부는 사방 4cm, 두께 1cm로 잘라 키친타월에 올려 물기를 제거하고, 분량의 재료를 섞어 양념장을 만들어요. 대파와 양파는 굵게 채 썰어요.

2 팬에 오일을 두르고 달군 뒤 두부를 얹고 소금을 뿌려 중불에서 앞뒤로 노릇하게 부쳐요.

3 팬에 양파와 대파를 깔고 두부와 양념장을 부어 약한 불로 10분간 조려요.
mom's tip. 조릴 때는 뚜껑을 덮어주세요.

달걀간장조림

달걀이랑 간장을 넣고
팔팔 끓이기만 하면 돼요.
만드는 법도, 재료도 간단해
시간 날 때마다
만들어 먹는답니다.

 황금 3단계 레시피

○ **조리시간 20분**

○ **재료**
삶은 달걀 10개, 마늘 5톨
물 적당량

○ **양념**
간장 6숟가락
설탕·맛술 2숟가락씩

1 삶은 달걀은 껍데기를 벗기고, 마늘은 도톰하게 편 썰어요.

2 두툼한 냄비에 달걀과 양념 재료를 모두 넣어요. 달걀이 잠길 정도로 물을 부은 뒤
뚜껑을 덮은 채 중불로 끓여요.

3 끓기 시작하면 약한 불로 줄여 조리다가 국물이 반으로 줄면 마늘을 넣고, 센 불에
서 국물을 끼얹어가며 조려요.

아이가 제일 좋아하는 반찬이에요. 밥이랑 먹어야 하는데 반찬만 계속 집어먹어서 혼내곤 해요.
그렇지만 저도 만들다 보면 맛있어서 계속 맛보게 되는 마성의 매력이 있답니다.

메추리알간장조림

황금 3단계 레시피

○ **조리 시간 20분**

○ **재료**
삶은 메추리알 30개
올리고당 2숟가락, 물 적당량

○ **양념**
간장 5숟가락, 설탕 3숟가락
맛술 2숟가락

1 삶은 메추리알 껍데기를 벗기고 냄비에 양념 재료와 함께 담아요. 메추리알이 잠길 정도로 물을 붓고 뚜껑을 덮은 채 중불로 끓여요.

2 끓기 시작하면 약한 불로 줄이고, 국물이 1/3이 될 때까지 계속 조려요.

3 뚜껑을 열고 올리고당을 넣은 뒤 센 불에서 국물을 끼얹으며 조려요.

 메추리알 껍데기를 벗기는 수월한 방법은 없나요?

큰 용기에 삶은 메추리알과 물 1/2컵을 넣고 몇 번 흔들어주세요. 껍데기에 금이 가서 손쉽게 벗길 수 있어요.

새송이장조림

새송이버섯은 콜레스테롤 수치를
낮춰 비만을 예방할 수 있게 도와주며,
면역력을 길러줘요.
뽀독뽀독 식감도 좋아요.

 황금 3단계 레시피

○ **조리시간 15분**

○ **재료**
미니 새송이버섯 30개, 마늘 5톨
대파(길이 10cm) 1대
다시마(사방 5cm) 2장

○ **양념**
간장 3숟가락, 올리고당 1숟가락
설탕 2숟가락, 물 1컵

1 새송이버섯은 반으로 가르고, 마늘은 편 썰고, 대파는 2cm 길이로 썰어요.

2 냄비에 새송이버섯, 마늘, 대파, 다시마와 양념 재료를 넣고 센 불로 끓여요. 끓어오
르면 중불로 줄여 1분 더 끓인 뒤 다시마와 대파를 건져내요.

3 건져낸 다시마는 곱게 채 썰어 2에 다시 넣고 양념이 잘 배이도록 조려요.

표고버섯전

혈액순환을 원활하게 도와주는
표고버섯은 감기 예방에도
효과적이라 찬바람이 부는 날이면
꼭 사다가 먹이곤 해요.

STEP 1   STEP 2   STEP 3

 황금 3단계 레시피

○ **조리시간 20분**

○ **재료**
표고버섯 10개, 두부 1/6모
소고기(다짐육) 50g
양파 1/4개, 부추 3줄기
밀가루 적당량, 달걀 2개
오일·소금·후춧가루 약간씩

1 양파와 부추는 곱게 다지고, 두부는 칼등으로 으깬 뒤 면보에 올려 물기를 제거해요.

2 볼에 두부, 소고기, 양파, 부추, 소금, 후춧가루를 넣고 골고루 섞어 반죽을 만들어요.

3 표고버섯은 기둥을 떼어내고 안쪽에 밀가루를 묻힌 뒤 반죽을 채워 넣어요. 그 다음 밀가루, 달걀물 순서로 옷을 입히고 오일을 두른 팬에서 앞뒤로 노릇하게 부쳐요.
mom's tip. 두부에 밴 물기를 잘 제거하고 표고버섯 안에 밀가루를 꼼꼼하게 바른 뒤 속을 채워야 부치는 동안 속과 버섯이 분리되지 않아요.

애호박전

호박전은 아이도 좋아해서
특별한 날이 아니더라도 가끔씩
만들곤 해요. 호박 중앙에
소고기를 다져 넣어
영양가를 높였어요.

 황금 3단계 레시피

○ **조리시간 15분**

○ **재료**
　애호박 1/2개
　소고기(다짐육) 50g
　양파 1/4개, 달걀 1개
　밀가루 적당량
　오일·소금·후춧가루 약간씩

1 양파는 곱게 다져요. 애호박은 0.7cm 두께로 통 썰고 소금을 뿌려 5분간 절인 뒤 키친타월에 올려 물기를 제거해요.

2 볼에 양파, 소고기, 소금, 후춧가루를 넣고 섞은 뒤 애호박 중앙에 얇게 펴 올려요.

3 밀가루, 달걀물 순서로 옷을 입히고 오일을 두른 팬에 올려 중불에서 앞뒤로 노릇하게 부쳐요.

하트크래미전

맛살을 둥글게 휘어 하트 모양으로
만들어봤어요. 같은 재료지만
모습이 달라지면 훨씬 더
맛있어 보인답니다.

 황금 3단계 레시피

○ **조리시간 15분**

○ **재료**
　　맛살 5개
　　달걀 1개, 양파 1/4개
　　쪽파 3줄기
　　카레가루 1/2숟가락
　　오일·소금 약간씩

1 양파와 쪽파는 곱게 다지고, 맛살은 길이로 반 갈라 하트 모양이 되도록 휘어서 이쑤시개로 고정시켜요.

2 달걀을 풀고 양파, 쪽파, 카레가루, 소금을 넣어 섞어요.

3 오일을 두른 팬에 맛살을 올리고, 하트 안에 **2**를 부어 중불에서 앞뒤로 노릇하게 부쳐요.
　　mom's tip. 다 부친 뒤 이쑤시개를 제거해주세요.

감자를 잘게 채 썰어 전을 부쳐보세요. 씹는 질감이 생겨 새로운 요리를 먹는 기분이 들어요.
비타민도 풍부하고 소화도 잘 돼요. 메추리알 프라이를 얹어 비주얼도 업그레이드!

감자채전

STEP 1

STEP 2

STEP 3

황금 3단계 레시피

○ **조리 시간 25분**

○ **재료**
감자(中) 2개
메추리알 10개, 오일 적당량
소금 약간

1 감자는 채칼로 가늘게 채 썰어요.

2 오일을 넉넉히 두른 팬에 감자채를 동그랗게 매만져 올리고 소금을 살짝 뿌려요.

3 바닥이 익으면 메추리알을 깨 얹고 뚜껑을 덮은 채 약한 불로 익혀요.

 감자는 물에 담가 전분을 제거하라고 하지 않았나요?

물에 담가 전분기를 제거하면 감자가 서로 잘 뭉쳐지지 않아 모양이 흩어질 수 있어요. 이번 메뉴는 감자채가 잘 뭉쳐져야 하기 때문에 전분 제거를 하지 않아요.

매운 김치를 못 먹는 아이들도 전으로 부쳐주면 잘 먹어요.
김치에 붙어 있는 매운기를 한 번 씻어낸 뒤 작게 잘라 바삭하게 전을 부쳐주세요.

김치전

STEP 1

STEP 2

STEP 3

 황금 3단계 레시피

○ **조리 시간 15분**

○ **재료**
　김치 1/6포기, 스팸(小) 1/4캔
　양파 1/4개, 밀가루 1/2컵
　멥쌀가루 3숟가락
　물 · 오일 적당량, 소금 약간

1 김치는 흐르는 물에 가볍게 씻어 물기를 제거한 뒤 송송 썰고, 양파와 스팸은 굵게 다져요.

2 볼에 김치, 양파, 스팸, 밀가루, 멥쌀가루, 물을 넣고 반죽해요.

3 오일을 넉넉하게 두른 팬에 반죽을 적당한 크기로 올리고 소금을 뿌려 중불에서 앞뒤로 노릇하게 부쳐요.

 멥쌀가루는 왜 넣나요?

멥쌀가루가 없으면 안 넣어도 되지만 넣으면 매우 바삭하게 구워져 훨씬 더 맛있어져요.

옥수수오징어전

씹을 때마다 옥수수 알갱이가
톡톡 터지고, 뒤이어 오징어의 식감이
쫀득쫀득 입 안을 즐겁게 만들어줘요.

 황금 3단계 레시피

- **조리시간 20분**

- **재료**
  오징어 1마리
  옥수수통조림 1컵
  양파 1/4개, 브로콜리 1/6개
  달걀 2개, 밀가루 3숟가락
  오일·소금 약간씩

1 껍질을 벗긴 오징어와 양파, 브로콜리는 굵게 다지고, 옥수수는 체에 올려 물기를
  제거해요.

2 볼에 오징어, 옥수수, 양파, 브로콜리, 달걀, 밀가루를 넣고 골고루 반죽한 뒤 소금으로
  간해요.

3 오일을 넉넉하게 두른 팬에 반죽을 1숟가락씩 동그란 모양으로 올려 중불에서 앞뒤로
  노릇하게 부쳐요.

채소동그랑땡

영양 만점 식재료 총출동!
게다가 맛있기까지?
아이와 함께 동글동글 빚어보세요.
음식에 더 관심을 갖는
계기가 된답니다.

STEP 1

STEP 2

STEP 3

황금 3단계 레시피

○ **조리시간 25분**

○ **재료**
　표고버섯 2개
　돼지고기(다짐육) 100g
　두부 1/4모, 양파 1/4개
　달걀 2개, 쪽파 2줄기
　밀가루 적당량
　오일·소금·후춧가루 약간씩

1 표고버섯과 양파는 곱게 다지고, 두부는 칼등으로 으깬 뒤 면보에 올려 물기를 제거해요.

2 볼에 표고버섯, 돼지고기, 두부, 양파, 소금, 후춧가루를 넣고 골고루 반죽한 뒤 동그랗고 납작하게 빚어요. 달걀에 송송 썬 쪽파를 넣고 섞어서 달걀물을 만들어요.

3 동그랑땡에 밀가루, 달걀물 순으로 옷을 입힌 뒤 오일을 넉넉하게 두른 팬에 올려 중불에서 앞뒤로 노릇하게 부쳐요.

달걀말이를 예쁘게 돌돌 마는 건 초보 요리사들에겐 생각보다 어려운 일이에요.
대충 말아도 결국은 맛있는 달걀 반찬이니까 우선 기본 레시피로 연습해보세요.

달걀말이

 STEP 1
 STEP 2
 STEP 3

 황금 3단계 레시피

○ **조리 시간 15분**

○ **재료**
달걀 2개, 육수 1/4컵
맛술 1숟가락
오일·소금 약간씩
케첩 적당량

1 달걀에 육수, 맛술, 소금을 넣고 곱게 풀어요.
mom's tip. 만들어둔 육수가 없다면 물로 대체해도 돼요. 하지만 육수를 사용하면 감칠맛이 생기고 더 부드러워요.

2 오일을 두른 달군 팬에 1을 얇게 펴 붓고 약한 불로 부친 뒤 겉면이 완전히 익기 전에 돌돌 말아 팬 끝으로 옮겨 둬요. 나머지 달걀물의 1/2을 다시 붓고 살짝 익으면 아까 옮겨둔 달걀말이와 겹쳐 돌돌 말아요.

3 2의 과정을 한 번 더 반복한 뒤 김발로 동그랗게 말아 10분간 뒀다가 1cm 폭으로 썰고, 케첩을 뿌려내요.

 달걀말이 잘 마는 비법이 있나요?
달걀을 말 때는 윗면의 달걀물이 완전히 익기 전에 말아야 서로 잘 붙고 풀어지지 않아요.

채소달걀말이

냉장고 속 남은 채소들을 잘게 다
져 섞어도 돼요. 아이가 평소 꺼려
하는 채소를 하나씩 섞어 달걀말이
속에 숨겨주세요. 조금씩 그 맛에
익숙해질 수 있어요.

황금 3단계 레시피

○ **조리시간 20분**

○ **재료**
    달걀 2개, 양파 1/4개
    당근 1/6개
    쪽파 2줄기
    오일·소금 약간씩

1 달걀은 곱게 풀고, 양파, 당근, 쪽파는 잘게 다져요. 모든 재료를 섞어 소금으로 간해요.

2 오일을 두른 달군 팬에 1을 얇게 펴 붓고 약한 불로 부친 뒤 겉면이 완전히 익기 전
  에 돌돌 말아 팬 끝으로 옮겨 둬요. 나머지 달걀물의 1/2을 다시 붓고 살짝 익으면
  아까 옮겨둔 달걀말이와 겹쳐 돌돌 말아요.

3 2의 과정을 한 번 더 반복한 뒤 김발로 동그랗게 말아 10분간 뒀다가 2cm 폭으로
  썰고, 케첩을 뿌려내요.

치즈왕달걀말이

아이가 좋아하는 치즈를 달걀말이에 쏙! 여러 차례 돌돌 말아 엄청난 두께로 만들어봤어요. 작은 입 속에 한가득 넣으려고 입을 앙 벌리는 모습이 정말 귀엽지 않나요?

 황금 3단계 레시피

○ **조리시간 20분**

○ **재료**
달걀 4개, 슬라이스치즈 1장
모차렐라치즈 1/2컵
오일·소금 약간씩

1 슬라이스치즈는 4등분하고, 달걀은 곱게 풀어 소금으로 간해요.

2 오일을 두른 팬에 달걀물의 1/2을 펴 붓고 약한 불에서 바닥이 익으면 슬라이스치즈와 모차렐라치즈를 올린 뒤 돌돌 말아 팬 끝으로 옮겨둬요. 나머지 달걀물의 1/2을 다시 붓고 살짝 익으면 아까 옮겨둔 달걀말이와 겹쳐 돌돌 말아요.

3 2의 과정을 두 번 더 반복한 뒤 한 김 식혔다가 2cm 폭으로 썰어요.

아이 입맛 돋게 하는 황금 반찬
김치 & 장아찌 & 피클

일반 김치는 물에 헹궈서 먹여도 염분이 남아있어 아이 입에 자극적일 수 있어요.
아이에게는 좀 더 순한 재료로 만든 전용 김치가 필요해요.
아이가 가장 좋아하고 잘 먹는 김치 & 장아찌 & 피클 만드는 법을 소개합니다.

어린이 깍두기

○ **조리 시간 30분**(절이는 시간 제외)

○ **재료** 무(두께 10cm) 1토막, 설탕 2숟가락, 천일염 1숟가락, 멸치액젓 3숟가락,
　　고춧가루 1/2숟가락

○ **양념장** 파프리카 1개, 밥 2숟가락, 물 1컵

1 무는 조리용 수세미로 문질러 씻은 뒤 사방 1cm 크기로 깍둑 썰고, 설탕과 천일염을
　 넣고 버무려 1시간 동안 절여요.

2 믹서기에 분량의 양념장 재료를 넣고 곱게 갈아요.

3 절인 무에 양념장, 멸치액젓, 고춧가루를 넣고 골고루 버무려요. 하루 동안 상온에
　 두었다가 냉장 보관해요.

어린이 물김치

○ **조리 시간 15분(절이는 시간 제외)**

○ **재료** 배추 3장, 무(두께 3cm) 1토막, 당근 1/4개, 쪽파(길이 10cm) 2줄기
고운 고춧가루 1숟가락, 물 4컵, 배즙 5숟가락, 천일염 1숟가락, 소금 약간

○ **양념** 매실액·새우젓국물 2숟가락씩, 다진 마늘 1/2숟가락, 다진 생강 1/3숟가락

1 배추는 사방 1cm 크기로 썰고, 무와 당근은 사방 1cm로 납작 썰어요. 쪽파는 1~2cm
길이로 작게 썰어요.

2 배추에 천일염을 넣고 버무려 1시간 동안 절였다가 체에 올려 물기를 빼요.

3 볼에 배추, 무, 당근과 양념 재료를 모두 넣고 버무려요.

4 고춧가루를 다시백에 넣고 물과 배즙 섞은 것에 담가 붉은 색을 우려낸 뒤 **3**에 부어
요. 하루 동안 상온에 두었다가 냉장 보관해요.

🍳 어린이 백김치

○ **조리 시간 40분**(절이는 시간 제외)

○ **재료** 배추 1포기, 무(두께 5cm) 1토막, 배 1/4개, 쪽파 5줄기

○ **절임물** 천일염 1/2컵, 물 5컵　　○ **무 양념** 소금 1숟가락, 매실액 2숟가락

○ **찹쌀풀** 찹쌀가루 1숟가락, 물 1/2컵

○ **백김치국물** 까나리액젓·소금 1숟가락씩, 끓여서 식힌 물 7컵

1 배추는 길이 방향으로 4등분해요. 절임물 재료를 섞어 배추에 붓고 8시간 동안 절여요.

2 절인 배추는 흐르는 물에 2~3번 헹군 뒤 채반에 거꾸로 엎어두고 1시간 이상 물기를 빼요.

3 무와 배는 곱게 채 썰고, 쪽파는 3cm 길이로 잘라요. 볼에 전부 옮겨 담고, 무 양념 재료를 넣어 버무려요.

4 절인 배추 사이사이에 **3**을 넣어요.

5 찹쌀풀 재료를 냄비에 넣고 약한 불로 걸쭉하게 끓인 뒤 식혀요. 백김치국물 재료와 찹쌀풀 1숟가락을 섞은 뒤 **4**에 부어 하루 동안 상온에 두었다가 냉장 보관해요.
mom's tip. 배추가 국물에 푹 잠기게 꾹꾹 눌러 담아요. 국물에 푹 잠기지 않는다면 백김치국물을 더 만들어서 부어주세요.

버섯 & 무 장아찌

○ **조리 시간 40분**

○ **재료** 백만송이버섯 1팩(약 300g), 무(두께 3cm) 1토막, 통후추 10개, 소금 약간

○ **장아찌물** 간장·물 1컵씩, 식초·설탕 1/2컵씩

1 백만송이버섯은 밑동을 잘라 송이송이 갈라요. 무는 새끼손가락 크기로 작게 자른 뒤 소금을 뿌려 15분간 절였다가 체에 올려 물기를 빼요.

2 장아찌물 재료를 냄비에 붓고 한소끔 끓여요.

3 저장용기에 백만송이버섯, 무, 통후추를 넣고 끓인 장아찌물을 부은 뒤 위에 무거운 접시를 올려요. 상온에 하루 동안 두었다가 냉장 보관해요.
   mom's tip. 장아찌물에 모든 재료가 다 잠기도록 해주세요. 푹 잠겨야 재료에 골고루 간이 잘 밴답니다.

○ **조리 시간 30분**

○ **재료** 오이 2개, 무(두께 5cm) 1토막, 당근 1/4개, 월계수잎 3장, 통후추 10개

○ **피클물** 물·식초 1컵씩, 설탕 1/2컵, 소금 1/2숟가락

1 오이는 껍질을 필러로 살짝 돌기 부분만 깍아낸 뒤 3cm 두께로 통 썰고, 다시 길이
   방향으로 4등분해요. 안쪽의 씨 부분은 칼로 조금 잘라내요.

2 무도 오이와 같은 크기로 썰고, 당근은 0.5cm 두께로 슬라이스한 뒤 꽃 모양틀로
   찍어요.

3 저장용기에 오이, 무, 당근, 월계수잎, 통후추를 담아요. 피클물 재료를 냄비에 넣고
   한소끔 끓여 저장용기에 부어요. 상온에 반나절 두었다가 냉장 보관해요.

 피클물을 꼭 뜨거울 때 부어야 하나요?

   무, 오이와 같이 재료가 단단할 경우에는 피클물을 끓여서 뜨거운 상태로 부어
   야 맛이 나요. 반면 버섯이나 깻잎같이 부드러운 재료는 끓였다가 식힌 뒤에 부
   어야 재료의 맛이 잘 살아요.

오이송송이

1

3

4

○ 조리 시간 **30분**

○ **재료** 오이 4개, 부추 10줄기, 소금 약간

○ **양념장** 고춧가루 2숟가락, 멸치액젓 1숟가락, 다진 마늘·설탕 1/2숟가락씩, 소금 1/3숟가락

1 오이는 껍질을 필러로 살짝 돌기 부분만 깎아내고 길이 방향으로 4등분 한 뒤 다시
   1.5cm 두께로 썰어요.

2 부추는 3cm 길이로 자르고, 분량의 재료를 섞어 양념장을 만들어요.

3 오이에 양념장을 넣고 살짝 버무려요.

4 부추를 넣고 함께 버무린 뒤 소금으로 간해요.

🧑 **만들 때는 간이 맞았는데, 나중에 먹어보니 싱거워졌어요.**

저장하는 동안 수분이 생겨 간이 심심해질 수 있어요. 담글 때는 약간 간간하게
간하는 게 좋아요.

GOLD RECIPE

밥 한 그릇 뚝딱 먹게 만드는 국 & 탕 & 찌개

큰 맘 먹고 국이나 찌개를 만든 날이면 다른 반찬을 거하게 차리지 않아도 든든합니다.
특히 이유식을 갓 지나온 아이들에게 국은 효자 메뉴예요. 밥을 잘 넘길 수 있도록 도와주거든요.
유치원·학교 등교 준비로 바쁜 아침에도 국은 필수! 맛있게 끓인 국에 한 그릇 말아주면 금세 뚝딱 비우고 자리를 떠난답니다.
이번 파트에 소개된 짜지 않은 저염 국 & 탕 & 찌개 메뉴로 아이 밥상을 든든하게 채워주세요.

휘리릭 빠르게 만들 수 있는 초간단 레시피예요.
시간이 부족한데 빨리 뭔가 만들어줘야 할 때는 달걀국만한 게 없죠.

달걀국

STEP 1

STEP 2

STEP 3

황금 3단계 레시피

○ **조리 시간 20분**

○ **재료**
　달걀 2개, 양파 1/4개
　대파(길이 10cm) 1대
　멸치(육수용) 10개
　다시마(사방 5cm) 1장
　물 4컵, 국간장 1/2숟가락
　소금 약간

1 멸치는 머리와 내장을 제거하고, 양파는 굵게 채 썰고, 대파는 송송 썰어요.

2 냄비에 물, 멸치, 다시마를 넣고 중불로 10분간 끓인 뒤 멸치와 다시마를 건져내요.

3 달걀은 미리 곱게 풀어두었다가 양파와 함께 **2**에 붓고 젓가락으로 저은 뒤 국간장과 소금으로 간해요. 마지막으로 대파를 넣어요.

 탁하지 않게 끓이는 방법이 있나요?

달걀물을 넣자마자 바로 젓지 말고, 5초 정도 뒤에 2~3번만 크게 저어주세요.
그래야 국물이 탁하지 않고 맑게 완성돼요.

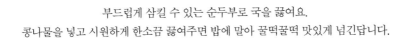

부드럽게 삼킬 수 있는 순두부로 국을 끓여요.
콩나물을 넣고 시원하게 한소끔 끓여주면 밥에 말아 꿀떡꿀떡 맛있게 넘긴답니다.

맑은 순두부국

 STEP 1

 STEP 2

 STEP 3

 황금 3단계 레시피

○ **조리 시간 15분**

○ **재료**
순두부 1/2봉지
콩나물 2줌(약 100g)
대파(길이 10cm) 1대
다진 마늘 1/3숟가락
다시마(사방 5cm) 1장
물 4컵, 국간장 1숟가락
소금 약간

1 대파는 송송 썰고, 콩나물은 콩껍질을 제거해요.

2 냄비에 물, 콩나물, 다시마를 넣고 뚜껑을 연 채 중불로 10분간 끓인 뒤 다시마만 건져내요.

3 순두부는 큼직하게 숟가락으로 떠 넣어요. 대파, 다진 마늘과 함께 한소끔 끓인 뒤 국간장과 소금으로 간해요.
   mom's tip. 두부, 연두부, 순두부는 가공 뒤 굳히는 정도의 차이에 따라 분류되는 거랍니다. 순두부 대신 연두부를 사용해도 맛과 부드러움의 정도는 같아요.

★ 엄마 • 아빠 요리 ★

 고춧가루 1/2숟가락, 고추기름 약간, 송송 썬 청양고추를 넣고 한소끔 끓여요.

미역국은 끓이면 끓일수록 맛있어서 늘 한 솥 가득 끓여 놓고 먹어요.
진한 고기육수의 맛이 입맛을 돋게 해요. 거기에 조랭이떡을 넣어 씹는 재미까지 더했어요.

소고기미역국

 STEP 1

 STEP 2

 STEP 3

 황금 3단계 레시피

○ **조리 시간 30분**

○ **재료**
소고기(양지) 200g
불린 미역 1컵
물 4컵, 조랭이떡 1컵
국간장·참기름 1숟가락씩
소금·후춧가루 약간씩

1 소고기는 사방 2cm 크기로 잘라 키친타월에 올려 핏물을 제거하고, 불린 미역은 듬성듬성 썰어요.

2 참기름을 두른 냄비에 소고기를 넣고 약한 불로 볶다가 갈색이 되면 미역을 넣고 함께 볶아요.

3 물을 붓고 센 불로 10분간 끓인 뒤 조랭이떡을 넣고 국간장, 소금, 후춧가루로 간해요.

 미역은 불리지 않고 바로 넣으면 안 돼요?

미역은 물에 담가 15분 정도 불려 볶은 뒤 끓여야 더 고소한 맛이 나요.

비타민이 풍부한 홍합을 듬뿍 넣고 미역국을 끓여보세요.
홍합에서 우러난 시원한 국물은 소고기미역국과는 또 다른 매력이 있어요.
성장기 아이의 골격 형성과 발육에도 좋답니다.

홍합미역국

 황금 3단계 레시피

○ **조리 시간 30분**

○ **재료**
  홍합살 1줌(약 100g)
  불린 미역 1컵
  들깻가루 1½숟가락
  국간장·참기름 1숟가락씩
  물 4컵, 소금·후춧가루 약간씩

1 홍합살은 흐르는 물에 씻어 물기를 제거하고, 불린 미역은 듬성듬성 썰어요.

2 참기름을 두른 냄비에 홍합을 넣고 약한 불로 볶다가 미역을 넣고 함께 볶아요.

3 물을 붓고 센 불로 10분간 끓인 뒤 들깻가루, 국간장, 소금, 후춧가루로 간해요.

 홍합살이 없을 경우, 홍합을 통째로 넣고 끓여도 되나요?

홍합은 수염을 제거하고 깨끗이 씻은 뒤 따로 볶는 과정을 생략하고 바로 물에
넣고 끓여 육수를 내요. 익으면 건져내 홍합살만 발라 다시 넣어주세요.

바쁜 아침을 위해 가장 자주 끓이는 국 중 하나예요.
밥 한 그릇 말아 맛있게 후루룩 먹고 하루를 시작한답니다. 고기도 듬뿍 넣어 영양이 넘쳐요.

소고기뭇국

 STEP 1
 STEP 2
 STEP 3

 황금 3단계 레시피

○ **조리 시간 30분**

○ **재료**
소고기(양지) 200g
무(두께 3cm) 1토막
대파(길이 10cm) 1대
다진 마늘 1/2숟가락
국간장·참기름 1숟가락씩
물 4컵, 소금 약간

1 소고기는 사방 2cm 크기로 잘라 키친타월에 올려 핏물을 제거하고, 무는 사방 1.5cm 크기로 깍둑 썰고, 대파는 어슷 썰어요.

2 참기름 두른 냄비에 소고기를 넣고 약한 불로 볶다가 갈색이 되면 물과 무를 넣은 뒤 뚜껑을 닫고 중불로 끓여요.

3 무가 투명해지면 대파와 다진 마늘을 넣고 국간장과 소금으로 간해요.

★ 엄마·아빠 요리 ★
 고춧가루 1숟가락을 넣고 한소끔 끓이면 얼큰한 소고기뭇국으로 변신해요.

황태는 피를 맑게 해주고 속을 편하게 만들어줘요.
뜨끈하게 한소끔 끓여 먹으면 하루가 든든해집니다.

콩나물황태국

STEP 1

STEP 2

STEP 3

 황금 3단계 레시피

○ **조리 시간 30분**

○ **재료**
황태포 2줌(약 100g)
콩나물 4줌
무(두께 2cm) 1토막
대파(길이 10cm) 1대
다시마(사방 5cm) 1장
참기름 · 멸치액젓 1숟가락씩
다진 마늘 1/2숟가락
물 4컵, 소금 약간

1 황태포는 물에 헹궈 부드럽게 만든 뒤 2cm 길이로 자르고, 무는 사방 2cm 크기로 납작 썰어요. 대파는 송송 썰고, 콩나물은 머리와 뿌리를 떼요.
mom's tip. 황태포 대신 북어포를 넣으면 북엇국이 돼요. 단, 황태가 북어에 비해 좀 더 부드럽고 폭신한 식감을 가지고 있어 아이 국으로 좋아요.

2 참기름 두른 냄비에 황태포를 넣고 약한 불로 볶다가 물, 다시마, 콩나물, 무를 넣고 10분간 중불로 끓인 뒤 다시마만 건져내요.

3 다진 마늘과 대파를 넣고 한소끔 끓인 뒤 멸치액젓과 소금으로 간해요.

★ 엄마 · 아빠 요리 ★

 고춧가루 1숟가락과 송송 썬 청양고추를 넣고 칼칼하게 즐겨요.

달걀북엇국

진하게 우려낸 뽀얀 국물이
매력적이에요. 부드러운 달걀을
풀어 넣었더니 든든한 한 끼 완성!

 황금 3단계 레시피

○ **조리시간 20분**

○ **재료**
 황태포 2줌(약 100g)
 달걀 2개, 양파 1/3개
 대파(길이 10cm) 2대
 참기름 1숟가락
 다진 마늘 1/3숟가락, 물 4컵
 국간장·소금·후춧가루 약간씩

1 황태포는 물에 헹궈 부드럽게 만든 뒤 1.5cm 길이로 자르고, 양파는 굵게 채 썰고,
 대파는 송송 썰어요.

2 참기름 두른 냄비에 황태포를 넣고 약한 불로 볶다가 물과 양파, 다진 마늘을 넣고
 끓여요.

3 달걀을 풀어 둘러 붓고 젓가락으로 저어요. 대파를 넣고 국간장, 소금, 후춧가루로
 간해요.

감잣국

감잣국은 밥에 말아 먹거나
비빔밥이나 볶음밥에 곁들어
먹기 좋아요. 너무 오래 끓이면
감자가 부서져 국물이 지저분해질
수 있으니 주의하세요.

 황금 3단계 레시피

○ **조리시간 20분**

○ **재료**
감자(中) 1개, 달걀 1개
양파 1/3개
대파(길이 10cm) 2대
멸치(육수용) 10개(약 10g)
다시마(사방 5cm) 2장
다진 마늘·국간장 1/2숟가락씩
물 4컵, 소금·후춧가루 약간씩

1 감자는 껍질을 벗겨 이등분한 뒤 납작하게 반달 썰고, 양파는 굵게 채 썰고, 대파는
송송 썰어요.

2 멸치는 머리와 내장을 제거해요. 물에 멸치, 다시마, 감자를 넣고 중불로 10분간 끓
인 뒤 멸치와 다시마만 건져내요.

3 양파와 다진 마늘을 넣고 끓이다 달걀을 풀어 둘러 붓고 젓가락으로 저어요. 대파를
넣고 국간장, 소금, 후춧가루로 간해요.

성성한 바지락과 시금치를 넣고 팔팔 끓인 맑은 된장국은
아이도 어른도 좋아하는 메뉴죠. 매일 먹어도 질리지가 않아요.

시금치된장국

STEP 1 · STEP 2 · STEP 3

황금 3단계 레시피

○ **조리 시간 20분**

○ **재료**
시금치 1/3단
바지락 2줌(약 100g)
된장 1½숟가락
대파(길이 10cm) 1대
다진 마늘 1/3숟가락
국간장 1/2숟가락, 물 4컵
소금 약간

1 볼에 바지락과 소금 1/2숟가락(분량 외)을 넣고 바지락이 잠길 정도로 물을 부어 어두운 곳에서 30분간 해감해요. 시금치는 시든 잎과 뿌리를 잘라내고, 대파는 송송 썰어요.

2 냄비에 바지락과 물을 붓고 중불로 끓이다가 끓어오르면 된장을 풀고 시금치를 넣어요.

3 뚜껑을 반만 덮고 중불에서 10분간 끓인 뒤 대파와 다진 마늘을 넣고, 국간장과 소금으로 간해요.

 봉지에 파는 바지락도 해감해야 하나요?
마트에서 봉지에 담아 파는 바지락은 해감된 상태이므로 따로 해감하지 않고 바로 사용하면 돼요.

시원한 바람 솔솔 불어오는 가을이면 생각나는 메뉴죠.
가을 아욱은 기력이 떨어졌을 때 기운을 보충해주고 변비 완화에도 효과 만점이에요.

아욱된장국

STEP 1

STEP 2

STEP 3

 황금 3단계 레시피

○ **조리 시간 20분**

○ **재료**
  아욱 2줌, 된장 2숟가락
  대파(길이 10cm) 1대
  멸치(육수용) 10개(약 100g)
  쌀뜨물 4컵
  다시마(사방 5cm) 1장
  다진 마늘 1/3숟가락
  국간장 1/2숟가락
  소금 약간

1 아욱은 껍질을 벗겨 7cm 길이로 썬 뒤 주물러 씻어 풋내를 없애고 물기를 제거해
  요. 대파는 송송 썰어요.

2 멸치는 머리와 내장을 제거해요. 냄비에 쌀뜨물, 다시마와 함께 넣고 중불로 10분
  간 끓이다가 멸치와 다시마를 건져내요.

3 된장을 풀고 아욱을 담가요. 중불로 끓이다가 끓으면 뚜껑을 반만 덮고 약한 불로
  줄여 계속 끓여요. 대파와 다진 마늘을 넣고 국간장과 소금으로 간해요.

 아욱은 어떻게 손질하나요?

아욱 줄기 끝을 꺾으면 실 같은 섬유질이 있어요. 이걸 벗겨낸 뒤에 흐르는 물에
힘 줘서 주물러 씻어주세요. 아린 맛과 쓴맛이 사라지고 부드러워져요.

배추된장국

'오늘은 뭘 해먹이지?' 고민될 때마다
정답은 늘 된장국이었던 것 같아요.
배추 넣고 푹 끓여낸 된장국의 맛을
대신할 요리는 없죠.

 황금 3단계 레시피

○ **조리시간 20분**

○ **재료**
배추 4장, 된장 2숟가락
대파(길이 10cm) 1대
멸치(육수용) 10개(약 10g)
다시마(사방 5cm) 1장, 물 4컵
고춧가루·다진 마늘 1/3숟가락씩
국간장 1/2숟가락
소금 약간

1 배추는 5cm 폭으로 썰고, 대파는 송송 썰어요.

2 멸치는 머리와 내장을 제거해요. 냄비에 물, 다시마와 함께 넣고 중불로 10분간 끓이다가 멸치와 다시마를 건져내요.

3 된장을 풀고 배추를 넣어 센 불로 끓이다가 뚜껑을 반만 덮고 중불로 줄여 계속 끓여요. 고춧가루, 대파, 다진 마늘을 넣고 국간장과 소금으로 간해요.

콩나물국

콩나물에는 다양한 비타민이
함유되어 있고 감기 예방에도
탁월해요. 몸 속 노폐물도
배출시켜주는 고마운 식재료랍니다.

 황금 3단계 레시피

○ **조리시간 25분**

○ **재료**
    콩나물 1/2봉지
    멸치(육수용) 10개(약 10g)
    물 4컵
    다시마(사방 5cm) 1장
    대파(길이 10cm) 1대
    고춧가루·다진 마늘 1/2숟가락씩
    국간장 1숟가락, 소금 약간

1 대파는 송송 썰고, 콩나물은 콩껍질을 제거하고, 멸치는 머리와 내장을 제거해요.

2 물에 멸치, 다시마, 콩나물을 넣고 뚜껑을 연 채로 중불에서 10분간 끓인 뒤 다시마
  와 멸치만 건져내요.
  mom's tip. 콩나물의 비린내를 없애려면 뚜껑을 열든지, 닫든지 하나로 통일해 쭉 끓여
  야 해요.

3 다진 마늘, 대파, 고춧가루를 넣고 국간장과 소금으로 간해요.

잘 익은 김치를 송송 썰어 콩나물국에 풍덩 담가 팔팔 끓여요.
새콤하면서도 얼큰한 맛이 일품인 김치콩나물국 완성! 아빠가 더 좋아한답니다.

김치콩나물국

 STEP 1

 STEP 2

 STEP 3

 황금 3단계 레시피

○ **조리 시간 30분**

○ **재료**
 김치 1/4포기
 콩나물 2줌(약 100g)
 다시마(사방 5cm) 1장
 대파(길이 10cm) 1대
 국간장 1숟가락
 물 4컵, 소금 약간

1 김치는 속을 털어내고 2cm 폭으로 썰어요.

2 대파는 송송 썰고, 콩나물은 콩껍질을 제거해요.

3 물에 다시마, 김치, 콩나물을 넣고 뚜껑을 연 채로 중불에서 10분간 끓인 뒤 다시마 만 건져내요. 대파를 넣고 국간장과 소금으로 간해요.

★ 엄마 • 아빠 요리 ★

 김치국물 1숟가락과 청양고추 1개를 송송 썰어 국에 넣으면 숙취해소에 좋은 얼큰한 콩나물국이 완성돼요.

여름이면 늘 시원한 국이 생각나요. 그럴 때마다 식탁 위에 오이미역냉국이 올라오죠.
만들기 간단한 데 비해 맛있어서 정말 좋아요.

오이미역냉국

STEP 1 STEP 2 STEP 3

황금 3단계 레시피

○ **조리 시간 15분**

○ **재료**
오이 1/2개
불린 미역 1컵

○ **양념**
깨소금 1숟가락
다진 마늘 1/3숟가락
국간장·참기름 1/2숟가락씩

○ **국물**
식초 3숟가락, 설탕 1숟가락
멸치액젓 1/2숟가락
물 2½컵, 소금 약간

1 오이는 필러로 껍질을 듬성듬성 벗긴 뒤 채 썰고, 불린 미역은 끓는 물에 살짝 데쳐 듬성듬성 잘라요.

2 볼에 오이, 미역, 양념 재료를 모두 넣고 조물조물 무쳐요.

3 국물 재료를 모두 섞어 냉장고에 차게 두었다가 2에 부어요.

★ 엄마 • 아빠 요리 ★

청양고추 1개를 송송 썰어 넣으면 칼칼하고 시원한 오이냉국이 돼요.

된장찌개 중 가장 기본 레시피라고 할 수 있어요.
각종 채소와 두부를 넣고 부르르 끓이면 순식간에 깊은 맛의 된장찌개가 완성돼요.

두부된장찌개

STEP 1

STEP 2

STEP 3

 황금 3단계 레시피

○ **조리 시간 20분**

○ **재료**
두부 1/4모
애호박·양파 1/4개씩
표고버섯 2개
대파(길이 10cm) 1대
멸치(육수용) 8개(약 8g)
된장 2½숟가락
쌀뜨물 3컵
다시마(사방 5cm) 1장
다진 마늘 1/3숟가락
국간장 1/2숟가락
소금 약간

1 두부, 양파, 표고버섯은 사방 1.5cm 크기로 네모 썰고, 애호박은 0.5cm 두께로 반달 썰어요. 대파는 송송 썰어요.

2 멸치는 머리와 내장을 제거한 뒤 냄비에 쌀뜨물, 다시마와 함께 넣고 10분간 중불 로 끓이다가 멸치와 다시마를 건져내요.

3 된장을 풀고 애호박, 양파, 표고버섯을 넣어 끓인 뒤 두부와 대파를 넣고 한소끔 끓 여요. 다진 마늘, 국간장, 소금으로 간해요.

 집에 재래된장만 있어요. 분량 조절이 필요할까요?

재래된장은 간이 세고 진한 색을 띠어요. 레시피 양의 2/3 분량만 넣어도 충분 해요.

고기가 얇아 먹기 좋은 차돌박이를 작게 잘라서 된장찌개에 넣어주면 아이들이 잘 먹어요.
고기 맛이 국물에 우러나 고소하고 맛도 좋답니다. 너무 오래 끓이면 고기가 질겨지니 주의하세요.

차돌박이된장찌개

STEP 1

STEP 2

STEP 3

황금 3단계 레시피

○ **조리 시간 25분**

○ **재료**
   차돌박이 150g, 두부 1/4모
   애호박·양파 1/4개씩
   표고버섯 2개, 물 3컵
   대파(길이 10cm) 1대
   다시마(사방 5cm) 1장
   된장 2½숟가락
   다진 마늘 1/3숟가락
   국간장 1/2숟가락
   소금 약간

1 두부, 양파, 표고버섯은 사방 1.5cm 크기로 네모 썰고, 애호박은 0.5cm 두께로 반달 썰어요. 대파는 송송 썰어요.

2 냄비에 물과 다시마를 넣고 10분간 중불로 끓이다가 다시마를 건져내요. 애호박, 양파, 표고버섯을 넣고 한소끔 끓인 뒤 된장을 풀어요.

3 차돌박이, 두부, 대파를 넣고 끓인 뒤 다진 마늘, 국간장, 소금으로 간해요.

 왜 차돌박이를 마지막에 넣나요?

차돌박이는 너무 오래 끓이면 고기가 질겨져 맛이 없어요. 얇아서 금방 익으니 마지막 단계에 넣고 한소끔만 부르르 끓여서 드세요.

된장찌개 속에 좋아하는 해물을 가득 넣고 끓여보세요.
하나 둘 건져먹는 재미를 느낄 수 있고 국물 맛도 훨씬 진하고 깊어져요.

해물된장찌개

STEP 1　STEP 2　STEP 3

 황금 3단계 레시피

○ **조리 시간 30분**

○ **재료**
새우 3마리, 전복 2마리
두부 1/4모
애호박·양파 1/4개씩
대파(길이 10cm) 1대
다시마(사방 5cm) 1장
된장 2½숟가락
다진 마늘 1/3 숟가락
국간장 1숟가락, 물 3컵
고춧가루·소금 약간씩

1　두부와 양파는 사방 1.5cm 크기로 네모 썰고, 애호박은 0.5cm 두께로 반달 썰어요.
　　대파는 송송 썰고, 전복은 솔로 문질러 깨끗이 씻어요. 새우는 머리와 껍질을 벗겨요.

2　냄비에 물과 다시마를 넣고 중불로 10분간 끓인 뒤 다시마를 건져내요. 새우, 전복,
　　애호박, 양파를 넣고 센 불로 5분간 끓인 뒤 된장을 풀어요.

3　두부와 대파를 넣고 한소끔 끓인 뒤 고춧가루, 다진 마늘, 국간장, 소금으로 간해요.

 전복을 껍데기째 넣나요?

전복을 껍데기째 넣어야 국물에 깊은 맛이 우러나요. 그리고 익힌 뒤에 전복살
을 떼어내면 더 쉽게 분리할 수 있고요.

참치 캔은 만능이에요. 어떤 찌개와도 잘 어울리거든요. 특히 김치찌개와의 궁합이 으뜸이죠.
고기나 해산물을 넣고 끓였을 때와는 또 다른 매력의 김치찌개가 탄생된답니다.

참치김치찌개

 STEP 1

 STEP 2

 STEP 3

 황금 3단계 레시피

○ **조리 시간 25분**

○ **재료**
김치 1/4포기
참치통조림(小) 1캔
두부 1/4모, 양파 1/4개
대파(길이 10cm) 1대
참기름 1숟가락
설탕 · 국간장 1/2숟가락씩
물 3컵, 소금 약간

1 김치는 속을 가볍게 털어내 1.5cm 폭으로 썰고, 두부는 사방 1.5cm 크기로 깍둑 썰어요. 양파는 굵게 채 썰고, 대파는 송송 썰고, 참치는 체에 밭쳐 기름기를 빼요.

2 참기름을 두른 냄비에 김치와 설탕을 넣고 약한 불로 1분간 볶아요.

3 물, 참치, 양파, 두부를 넣고 센 불로 끓이다가 끓으면 대파를 넣고 국간장과 소금으로 간해요.

 신김치를 활용하고 싶은데 아이 입맛에 너무 시진 않을까 걱정돼요.

김치의 신 정도에 따라 설탕의 양을 조절하면 돼요. 설탕이 김치의 신맛을 줄여주거든요. 맛을 보면서 설탕의 양을 가감해주세요.

김치찌개는 다 맛있지만 가장 좋아하는 건 돼지고기 두툼하게 썰어 넣은 김치찌개예요.
돼지고기를 푹 익힌 뒤 작게 잘라 김가루 넣고 신나게 비벼먹는 답니다.

돼지고기김치찌개

 황금 3단계 레시피

○ **조리 시간 25분**

○ **재료**
김치 1/4포기
돼지고기(목살) 200g
두부 1/4모, 양파 1/4개
대파(길이 10cm) 1대
다진 마늘·설탕·국간장
1/2숟가락씩
물 3컵, 소금 약간

1 김치는 속을 가볍게 털어내 1.5cm 폭으로 썰고, 두부는 사방 1.5cm 크기로 깍둑 썰어요. 양파는 굵게 채 썰고, 대파는 송송 썰고, 돼지고기는 얇게 편 썰어 키친타월에 올려 핏물을 제거해요.

2 냄비에 돼지고기, 김치, 다진 마늘, 설탕을 넣고 약한 불로 2분간 볶아요.

3 물, 양파, 두부를 넣고 센 불로 끓이다가 대파를 넣고 국간장과 소금으로 간해요.

 김치찌개는 잘 익은 김치여야 맛있는데 아직 김치가 익지 않았어요.

위 레시피대로 끓인 다음 마지막 단계에서 식초 1/2숟가락 정도를 넣어요. 신기하게도 알맞게 익은 김치로 끓인 찌개 맛이 나요.

콩비지는 부드럽고 고소할 뿐만 아니라 밥에 쓱쓱 비벼 먹으면 술술 넘어가요.
어느새 아이의 밥이 뚝딱 사라져버린답니다.

콩비지찌개

STEP 1

STEP 2

STEP 3

황금 3단계 레시피

○ **조리 시간 25분**

○ **재료**
   콩비지 1½컵
   돼지고기(등심) 100g
   김치 2줄기
   대파(길이 10cm) 1대
   국간장 1숟가락, 물 2컵
   고춧가루·소금 약간씩

1 김치는 속을 가볍게 털어내 1.5cm 폭으로 썰고, 돼지고기는 굵게 다져요. 대파는 송송 썰어요.

2 냄비에 돼지고기와 김치를 넣고 볶다가 돼지고기가 익으면 물과 콩비지를 넣고 센 불로 10분간 끓여요.

3 대파, 국간장, 고춧가루를 넣고 소금으로 간해요.

 사용하고 남은 콩비지는 어떻게 보관하나요?

적당한 양으로 소분한 뒤 지퍼백에 넣어 냉동해요. 필요할 때마다 냉장고에서 해동한 다음 요리에 사용하면 돼요.

싱싱한 홍합을 국물에 푹 끓이면 그 맛이 정말 일품이에요.
바다의 신선함을 압축해 한 그릇 속에 몽땅 담은 기분이랄까요? 껍데기에서 살을 쏙 빼먹는
즐거움을 아이들도 알게 될 거예요.

홍합탕

STEP 1 STEP 2 STEP 3

 황금 3단계 레시피

○ **조리 시간 20분**

○ **재료**
홍합 3줌(약 500g)
마늘 2톨
대파(길이 10cm) 1대
물 3½컵, 소금 약간

1 홍합은 수염을 떼고 껍데기를 비벼 깨끗이 씻어요. 마늘은 편 썰고, 대파는 송송 썰어요.

2 냄비에 홍합을 넣고 물을 부어 센 불로 끓이다가 끓으면 약한 불로 줄여 거품을 걷어가며 5분간 더 끓여요.

3 마늘과 대파를 넣고 소금으로 간해요.

★ 엄마 · 아빠 요리 ★

 청양고추 1개를 송송 썰어 넣어요.

조개탕

마트에서 봉지에 든 조개를 사면
해감할 필요 없이 간단하게 만들
수 있어요. 시원한 국물 맛이 끝내
준답니다.

황금 3단계 레시피

ㅇ **조리시간 40분**

ㅇ **재료**
모시조개 2줌(약 300g)
무(두께 2cm) 1토막
양파 1/4개
대파(길이 10cm) 1대
마늘 2톨, 물 3컵
소금 적당량

1 볼에 모시조개와 소금 1/2숟가락을 넣고, 조개가 잠길 정도의 물을 부어 어두운 곳
   에서 30분간 해감해요. 무는 사방 2cm 크기로 납작 썰고, 대파와 양파는 채 썰고,
   마늘은 편 썰어요.

2 냄비에 모시조개와 무, 물을 붓고 센 불로 끓이다가 끓으면 약한 불로 줄여 거품을
   걷어가며 5분간 더 끓여요.

3 양파, 마늘, 대파를 넣고 소금으로 간해요.

어묵탕

다양한 모양의 어묵을 넣고
푹 끓이면 진한 국물의 맛있는
어묵탕 완성! 마음에 드는 어묵부터
쏙쏙 골라먹고 국물에 밥도
말아 먹어요.

 황금 3단계 레시피

○ **조리시간 20분**

○ **재료**
어묵 200g
무(두께 2cm) 1토막
대파(길이 10cm) 1대
양파 1/4개, 물 3½컵
다시마(사방 5cm) 1장
멸치(육수용) 10개(약 10g)
국간장 1숟가락, 소금 약간

1 어묵은 한 입 크기로 썰어 꼬치에 꽂고, 무는 사방 2cm 크기로 납작 썰고, 양파는 채 썰어요. 대파는 송송 썰어요.

2 멸치는 머리와 내장을 제거해요. 냄비에 물, 다시마와 함께 넣고 중불로 10분간 끓인 뒤 멸치와 다시마를 건져내요.

3 무와 어묵을 넣고 센 불로 끓이다가 끓으면 양파와 대파를 넣고 국간장과 소금으로 간해요.

GOLD RECIPE

우리 아이 편식 잡는 맛 좋은 별미 반찬

엄마는 요리가 서툴러 구슬땀 흘려가며 열심히 차려놨는데 좋아하는 반찬만 골라먹거나,
반찬은 거들떠보지도 않고 밥만 먹거나, 이마저도 먹지 않고 식탁을 떠나버리는 아이들이 야속하기만 합니다.
그래도 어떡하나요? 한 술이라도 먹여야 안심이 되는 걸요.
이번에는 아이의 후각과 시각을 자극하는, 밥상머리에 아이 엉덩이 딱 고정시킬 수 있는 별미 반찬을 모아봤어요.
메뉴가 조금만 달라져도 아이들의 식습관이 확 변하는 것을 느낄 수 있을 거예요.

조금은 억센 식감에 미역줄기 반찬을 꺼려하는 아이들도 있어요.
부드러운 미역과 달리 미역줄기만의 고소하고 짭짤한 매력을 아이들에게 꼭 알려주세요.

미역줄기볶음

STEP 1   STEP 2   STEP 3

 황금 3단계 레시피

○ **조리 시간 30분**

○ **재료**
미역줄기 400g, 양파 1/2개
들기름 3숟가락
다진 마늘 1/2숟가락
통깨 약간

1 미역줄기의 소금기를 털어내고 흐르는 물에 흔들어 2~3번 씻어요. 미역줄기가 잠길 정도의 물을 부어 20분간 담갔다가 건져내 물기를 제거해요.
mom's tip. 물에 너무 오래 담가두면 미역줄기 자체에 남아있는 짠맛이 모두 빠져 싱거워질 수 있어요. 최대 30분은 넘기지 않도록 해요.

2 미역줄기는 5~6cm 길이로 자르고, 양파는 채 썰어요.

3 들기름을 두른 팬에 다진 마늘을 약한 불로 볶아 향을 낸 뒤 미역줄기와 양파를 넣어 뒤적이다가 통깨를 뿌려요.

★ 엄마·아빠 요리 ★

고춧가루 1숟가락을 넣고 조물조물 버무려요.

들깨소고기 무볶음

영양 만점 소고기와 달짝지근한
무를 함께 볶았어요.
들깨와 들기름으로 고소함과
감칠맛을 더해 아이가
정말 좋아한답니다.

황금 3단계 레시피

○ **조리시간 20분**

○ **재료**
   소고기(다짐육) 200g
   무(두께 10cm) 1토막
   들기름 3숟가락
   쪽파 2줄기
   들깻가루 1숟가락
   소금 약간

1 무는 5cm 길이로 굵게 채 썰고, 쪽파는 송송 썰어요.

2 두꺼운 냄비에 소고기를 넣고 볶아 익힌 뒤 무와 들기름을 넣고 중불로 볶다가 무가 익기 시작하면 뚜껑을 덮고 약한 불로 10분간 푹 끓여요.

3 쪽파와 들깻가루를 넣고 살짝 버무린 뒤 소금으로 간해요.

소고기메추리알 장조림

우리 집은 간장에 조린
메추리알부터 골라 먹느라 바빠요.
짜지 않아 아이 반찬으로
딱이랍니다.

STEP 1

STEP 2

STEP 3

 황금 3단계 레시피

○ **조리시간 30분**

○ **재료**
소고기(홍두깨살) 400g, 물 2컵
삶은 메추리알 20개, 통후추 5개

○ **양념**
간장 1/3컵, 설탕 3숟가락
맛술 4숟가락, 물 2컵

1 소고기는 큼직하게 잘라 찬물에 10분간 담가 핏물을 제거한 뒤 끓는 물에 통후추를
넣고 살짝 삶았다가 한 김 식히고 결대로 작게 찢어요.
mom's tip. 소고기를 먼저 삶고 찢어서 양념에 조려야 고기에 쏙쏙 양념이 잘 배요.

2 냄비에 소고기, 삶은 메추리알, 양념 재료를 넣고 중불로 끓여요.

3 끓기 시작하면 약한 불로 줄여 뭉근하게 끓인 뒤 소고기에 간과 색이 잘 배도록 양
념을 끼얹어가며 조려요.

돼지고기에 달달한 간장 양념을 끼얹어 맵지 않은 제육볶음을 만들었어요.
느타리버섯도 작게 잘라 넣었더니 고기와 함께 잘 먹네요.

간장제육볶음

 STEP 1

 STEP 2

 STEP 3

 황금 3단계 레시피

○ **조리 시간 50분**

○ **재료**
돼지고기(목살) 300g
느타리버섯 2줌(약 100g)
대파(길이 10cm) 1대
양파 1/2개

○ **양념**
간장·맛술 2숟가락씩
매실액·설탕 1숟가락씩
다진 마늘 1/2숟가락
생강즙 약간

1 돼지고기는 얇게 편 썰어 한 입 크기로 자르고, 양파와 대파는 굵게 채 썰고, 느타리
버섯은 가닥가닥 가늘게 갈라요.

2 볼에 돼지고기, 양파, 느타리버섯, 대파, 양념 재료를 넣고 버무린 뒤 30분간 재워요.

3 달군 팬에 **2**를 넣고 국물이 자작해질 때까지 중불로 볶아요.

★ 엄마 • 아빠 요리 ★

 고춧가루 1숟가락, 송송 썬 청양고추를 약간 넣어 볶으면
매콤한 제육볶음이 돼요.

맛있는 채소 토핑을 가득 넣고 매콤하게 볶은 닭갈비는 모두가 좋아하는 인기 메뉴죠.
당면이나 라면사리를 넣고 볶아주면 밖에서 사먹는 것보다 더 맛있어요.

닭갈비

 STEP 1

 STEP 2

 STEP 3

 황금 3단계 레시피

○ **조리 시간 30분**

○ **재료**
닭다리살 300g, 양파 1/2개
당근 · 고구마 1/4개씩
양배추 3장, 떡볶이 떡 10개
깻잎 5장, 통깨 · 오일 약간

○ **양념**
간장 1½숟가락
물엿 · 맛술 1숟가락씩
고추장 · 다진 마늘 · 설탕 · 카레가루
1/2숟가락씩

1 양파는 굵직하게 채 썰고, 양배추와 깻잎은 듬성듬성 썰어요. 고구마와 당근은 얇고 굵게 채 썰어요.

2 닭고기는 한 입 크기로 썰어 분량의 양념 재료와 함께 버무린 뒤 20분간 재워요.

3 오일을 두른 팬에 **2**를 넣고 중불로 볶다가 닭이 살짝 익으면 당근, 양파, 고구마, 양배추, 떡볶이 떡 순서로 넣어 볶은 뒤 마지막에 깻잎과 통깨를 뿌려내요.

 떡볶이 떡이 냉동되어 있어요. 바로 넣어도 되나요?

끓는 물에 살짝 데쳐 부드럽게 만든 뒤 넣어야 해요. 바로 넣으면 볶는 시간 동안 부드러워지기 힘들어요.

별미
반찬

카레닭볶음

양념에 카레가루를 섞어봤어요.
카레의 향이 식욕을 돋우고
감칠맛도 배가 되었네요.

 황금 3단계 레시피

○ **조리시간 30분**

○ **재료**
  닭다리살 200g, 감자(中) 1개
  당근 1/3개, 양파 1/2개, 물 1/4컵
  오일·소금·후춧가루 약간씩

○ **양념**
  간장 1숟가락, 카레가루 3숟가락
  설탕 1/3숟가락

1 감자, 당근, 양파는 듬성듬성 썰고, 닭고기는 한 입 크기로 썰어 소금, 후춧가루를 뿌려 밑간해요.
   mom's tip. 닭다리살은 기름기가 적당히 붙어 있어 부드럽고 고소해요. 담백한 맛을 원하면 닭 안심을 사용해도 좋아요.

2 오일을 두른 팬에 닭고기를 넣고 중불로 볶다가 익기 시작하면 감자, 당근, 양파 순으로 넣으며 볶아요.

3 양념 재료를 넣고 볶아요. 물을 붓고 뚜껑을 덮은 채 약한 불로 뭉근하게 익혀요.

동글동글 미트볼

동그란 모양의 미트볼을 아이와
함께 만들어보세요. 요리에 아이를
참여시키면 더 맛있게 잘 먹어요.

 황금 3단계 레시피

○ **조리시간 30분**

○ **재료**
   소고기(다짐육) 200g
   돼지고기(다짐육) 100g
   양파 1/3개, 맛술 1숟가락
   빵가루 1/4컵
   토마토소스(시판용) 1컵
   오일 · 소금 · 후춧가루 약간씩

1 볼에 소고기, 돼지고기, 다진 양파, 맛술, 소금, 후춧가루를 넣고 골고루 섞어요.

2 빵가루를 넣고 알맞은 농도를 만들어 반죽한 뒤 직경 2cm 정도로 동그랗게 빚어요.
   mom's tip. 빵가루를 넣어야 구울 때 미트볼이 부서지지 않아요. 빵가루가 없으면 밀가루로 대체해도 돼요.

3 오일을 두른 팬에 2를 올려 굴려가며 굽다가 토마토소스를 붓고 자작하게 조려요.

아삭하고 시원한 오이와 고소한 소고기의 만남!
여름에 먹으면 특히 좋은 메뉴예요.

소고기오이볶음

STEP 1

STEP 2

STEP 3

 황금 3단계 레시피

○ **조리 시간 30분**

○ **재료**
소고기(다짐육) 100g
오이 1개
쪽파 1줄기
참기름 1/2숟가락
통깨·오일·소금 약간씩

○ **양념**
맛술·설탕 1숟가락씩
간장 1/2숟가락, 후춧가루 약간

1 오이는 껍질을 필러로 돌기 부분만 살짝 제거하고 슬라이스해요. 소금을 뿌려 10분 간 절이고 물기를 꼭 짜요.

2 소고기는 양념 재료와 함께 버무리고, 쪽파는 송송 썰어요.

3 오일을 두른 달군 팬에 소고기를 중불로 먼저 볶다가 색이 변하면 절인 오이를 넣고 재빨리 뒤적여요. 마지막으로 쪽파, 참기름, 통깨를 뿌려요.

 오이는 꼭 절여야 하나요?

절이지 않으면 볶을 때 수분이 나와 고기가 축축해져 아삭하게 볶아지지 않아요.

학창시절 엄마가 도시락에 장조림을 싸주면 그날은 반찬 쟁탈전이 벌어졌던 기억이 나요.
그때나 지금이나 여전히 장조림은 우리 집 인기 반찬입니다. 많이 만들어 두고두고 먹어요.

돼지목살장조림

 STEP 1

 STEP 2

 STEP 3

 황금 3단계 레시피

○ **조리 시간 40분**

○ **재료**
돼지고기(목살) 400g
물 3컵, 통후추 5개
마늘 5톨, 생강 1톨

○ **양념**
간장 1/3컵, 황설탕 3숟가락
국간장 1숟가락, 맛술 4숟가락

1 돼지고기는 찬물에 10분간 담가 핏물을 제거해요.

2 냄비에 돼지고기, 물, 통후추, 마늘, 생강을 넣고 센 불로 푹 끓여요.

3 돼지고기가 다 익으면 돼지고기 삶은 물 2컵만 남겨 양념 재료를 넣고 함께 조려요.
국물이 자작해지면 돼지고기에 간과 색이 잘 배도록 양념을 끼얹어가며 더 조린 뒤
잘게 찢어요.

 **돼지고기를 삶기 시작할 때 양념 재료도 같이 넣고 끓이면
안 되나요?**

처음부터 양념을 넣고 같이 끓이면 고기가 질겨져요. 고기를 먼저 삶은 뒤에
양념을 넣고 조려주세요. 삶은 물은 요리에 써야하니 버리지 말고 따로 담아
두고요.

훈제오리
대파볶음

오리고기는 다이어트 시
기력보충을 위해 챙겨먹기도 해요.
다른 고기와 다른 쫄깃한 식감으로
호불호가 거의 없어요.

 황금 3단계 레시피

○ **조리시간 20분**

○ **재료**
　　훈제오리 400g
　　대파(길이 10cm) 3대
　　허니머스터드(시판용) 적당량
　　소금 약간

1　마른 팬에 훈제오리를 노릇하게 구워요.

2　훈제오리를 덜어내고 팬을 살짝 닦아낸 뒤 송송 썬 대파를 넣고 부드러워질 때까지
　　볶다가 소금으로 간해요.

3　볶은 대파 위에 구운 훈제오리를 올리고 허니머스터드를 뿌려요.

찹쌀소고기구이

소고기에 찹쌀가루를 묻혀 구우면
육즙을 꽉꽉 잡아줘
쫄깃하면서도 촉촉해요.
여기에 간장과 다진 양파로 만든
양념을 소복하게 얹어 내면
훌륭한 요리가 된답니다.

 황금 3단계 레시피

○ **조리시간 20분**

○ **재료**
　　소고기(샤브샤브용) 200g
　　찹쌀가루 3숟가락
　　오일 · 소금 · 후춧가루 약간씩

○ **양념장**
　　간장 2숟가락
　　다진 양파 · 식초 · 맛술 1숟가락씩
　　물 · 설탕 1/2숟가락씩

1 소고기는 키친타월에 올려 핏물을 제거하고 한 입 크기로 썰어요. 소금, 후춧가루를 뿌려 밑간하고 앞뒤로 찹쌀가루를 골고루 묻혀요.
　　mom's tip. 찹쌀가루를 묻히면 육즙이 새어나가는 것을 막아줘 고기가 훨씬 촉촉하고 풍미가 깊어져요. 없으면 생략해도 돼요.

2 오일을 두른 달군 팬에 소고기를 올려 앞뒤로 노릇하게 구워요.

3 분량의 양념장 재료를 섞어 고기 위에 얹어요.

색이 예쁜 채소를 모아 잡채를 만들었어요. 채소를 싫어하던 아이도 예쁜 색감 때문에 호기심을 가져요.
일반 당면이 아닌 납작당면을 사용해 더 쫄깃하고 맛도 좋아요.

알록달록 잡채

당면은 삶은 다음에 물에 헹구나요?

당면을 물에 헹궈버리면 양념이 잘 배지 않아요. 체에 올려 물기만 제거한 뒤 식기 전에 양념을 넣고 골고루 버무려요.

 황금 4단계 레시피

○ **조리시간 30분**

○ **재료**
 납작당면 2줌
 양파 · 빨강 파프리카 1/2개
 당근 1/3개
 시금치 1단
 참기름 · 오일 · 소금 약간씩

○ **양념**
 간장 2숟가락
 참기름 · 황설탕 1숟가락씩
 소금 · 후춧가루 약간씩

1 양파, 당근, 빨강 파프리카는 곱게 채 썰고, 시금치는 길이로 2등분해요.

2 오일을 두른 팬에 양파, 당근, 빨강 파프리카를 소금을 뿌려 각각 볶고, 시금치는 끓는 물에 살짝 데쳐 물기를 짠 뒤 소금과 참기름을 넣고 무쳐요.

3 끓는 물에 납작당면을 삶아 건져내고 체에 밭쳐 물기를 제거해요.

4 볼에 당면, 양파, 당근, 시금치, 빨강 파프리카, 양념 재료를 넣고 골고루 버무려요.

아이는 물론 엄마, 아빠도 좋아하는 스테이크예요.
케첩과 돈가스소스를 섞어 만든 소스와 소고기면 말 다했죠. 입맛 없는 날에 꼭 찾는 반찬이랍니다.

큐브스테이크

STEP 1

STEP 2

고기는 큐브 모양 대신 편 썰어도 되나요?

자르는 형태는 자유롭게 선택해도 괜찮아요. 하지만 큐브 모양으로 썰면 속이 살짝 익어 육질이 더 부드럽고, 육즙도 잘 머금고 있어 맛이 배가 된답니다.

STEP 3

STEP 4

 황금 4단계 레시피

- **조리시간 30분**
- **재료**
  소고기(등심) 400g
  양파·빨강 파프리카 1/2개씩
  방울토마토 3개
  브로콜리 1/6송이
  오일·소금·후춧가루 약간씩
- **양념장**
  케첩·돈가스소스 2숟가락씩
  설탕·맛술 1/2숟가락씩

1 빨강 파프리카와 양파는 사방 2cm 크기로 네모 썰고, 방울토마토는 반으로 자르고, 브로콜리는 송이송이 떼요.

2 소고기는 키친타월에 올려 핏물을 제거한 뒤 사방 2cm 크기로 깍둑 썰고, 소금과 후춧가루를 뿌려 밑간해요.

3 분량의 재료를 섞어 양념장을 만들어요.

4 오일을 두른 달군 팬에 소고기를 센 불로 볶다가 겉면이 살짝 익으면 양파, 빨강 파프리카, 브로콜리를 넣고 뒤적여요. 양념장과 방울토마토를 넣고 가볍게 볶아요.

달짝지근한 소스와 함께 소고기와 감자를 조려주면 한 끼 든든하게 먹일 수 있어요.
아이가 평소 잘 먹지 않는 채소가 있다면 하나씩 곁들여 넣어주세요.

소고기감자조림

 STEP 1
 STEP 2
 STEP 3
 STEP 4

**육수(다시물) 만들기가
번거로워요.**

육수가 없으면 물을 사용해도
괜찮아요. 마지막에 살짝 삶은
당면을 넣고 함께 조려주면 더
맛있게 먹을 수 있어요.

 황금 4단계 레시피

○ **조리시간 30분**

○ **재료**
소고기(샤브샤브용) 200g
감자(中) 1개
양파 1/3개, 당근 1/4개
대파(길이 10cm) 1대
오일·소금·후춧가루 약간씩

○ **양념장**
육수 1컵, 간장 4숟가락
설탕·맛술 3숟가락씩
다진 마늘 1/2숟가락
다진 생강 약간

1 감자, 양파, 당근, 대파는 듬성듬성 썰고, 분량의 재료를 섞어 양념장을 만들어요. 소고기는 키친타월에 올려 핏물을 제거하고 한 입 크기로 썰어요.

2 오일을 두른 냄비에 당근, 감자, 양파 순으로 중불에서 볶다가 채소가 어느 정도 익으면 소고기를 넣고 살짝만 더 볶아요.

3 양념장을 붓고 뚜껑을 덮어 약한 불로 조려요.

4 국물이 반으로 줄면 대파를 넣고 소금, 후춧가루로 간해요.

불고기를 볶으면 당면은 필수! 당면으로 시작해 고기로 배를 든든하게 채우고 꼭 마지막에 밥을 비벼먹어요.
맛있는 불고기 양념에 비벼먹는 밥, 정말 꿀맛 아닌가요?

뚝불고기

STEP 1

STEP 2

**당면을 꼭 삶아서
넣어야 해요?**

당면은 수분을 흡수하는 특징이
있어요. 삶지 않고 넣으면 수분
을 전부 흡수해 촉촉한 불고기
가 되지 않아요.

STEP 3

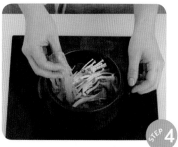
STEP 4

 황금 4단계 레시피

○ **조리시간 45분**

○ **재료**
소고기(불고기용) 300g
느타리버섯 1줌
팽이버섯 1/3봉지
양파 1/3개, 당면 1/2줌
쪽파 5줄기
육수 1컵

○ **양념**
간장 3숟가락, 배즙 2숟가락
맛술 1숟가락
설탕·참기름·물엿 1/2숟가락씩

1 소고기는 듬성듬성 썰고 양념 재료와 함께 버무려 30분간 재워주세요.

2 느타리버섯은 잘게 찢고, 팽이버섯은 밑동을 잘라요. 양파는 채 썰고, 쪽파는 4cm
길이로 잘라요.

3 당면은 끓는 물에 살짝 삶아요.

4 뚝배기에 소고기, 양파, 쪽파, 육수를 넣고 중불로 끓이다가 고기가 익으면 당면, 느
타리버섯, 팽이버섯, 쪽파를 넣고 한소끔 더 끓여요.

그냥 구워 먹어도 볶아 먹어도 맛있는 소고기! 좀 더 색다르게 즐기고 싶어서 부드럽게 다지고
다양한 견과류, 채소와 함께 조물조물 반죽했어요. 이름 그대로 바싹 구워 드세요. 정말 맛있게 먹을 수 있어요.

바싹불고기

파인애플을 많이 넣으면 더 부드러워지나요?

파인애플 외에도 키위, 배, 사과 등은 연육작용을 해요. 고기를 연하고 부드럽게 만들어주죠. 하지만 너무 많이 넣으면 고기가 풀어져서 식감이 나빠진답니다.

 황금 4단계 레시피

○ **조리시간 30분**

○ **재료**
소고기(다짐육) 400g
호두 1/2컵, 양파 1/2개
파인애플통조림 링 1개
오일 약간

○ **양념**
간장 2숟가락
굴소스 1/2숟가락
소금·후춧가루 약간씩

1 호두는 굵게 다지고, 파인애플과 양파는 곱게 다져요.

2 소고기는 키친타월에 올려 핏물을 제거한 뒤 양파, 파인애플, 양념 재료를 모두 넣고 버무려요.

3 호두를 넣고 골고루 섞어요.

4 오일을 두른 달군 팬에 반죽을 넓고 얇게 펴 올리고, 중불에서 앞뒤로 바삭하게 구워요.

✦

아직 매운 맛에 길들여지지 않은 아이를 위해 간장 양념으로 만든 닭볶음탕이에요.
맛있는 닭 요리에 짭조름한 양념까지 더해지니 닭 한 마리 정도는 눈 깜짝할 새 사라져버리네요.

간장닭볶음탕

고춧가루 2숟가락, 고추장 1숟가
락을 넣고 보글보글 끓여 매콤
하게 만들어요.

 황금 4단계 레시피

○ **조리시간 30분**

○ **재료**
닭(볶음용) 1마리, 감자(中) 1개
당근·양파 1/2개씩
대파(길이 10cm) 2대
물 적당량

○ **양념장**
간장 2숟가락
맛술 · 설탕 · 올리고당 1숟가락씩
다진 마늘 1/2숟가락
소금 · 후춧가루 약간씩

1 닭은 체에 올리고 뜨거운 물을 끼얹어 기름기와 불순물을 제거해요. 감자, 당근, 양
파는 듬성듬성 썰고, 대파는 어슷 썰어요.

2 분량의 재료를 섞어 양념장을 만들어요.

3 냄비에 닭을 넣고 닭이 반 정도 잠길 만큼의 물을 부어요. 뚜껑을 덮고 중불에서 5
분, 약한 불에서 10분간 끓여요.

4 감자, 당근, 양파, 양념장을 넣고 뚜껑을 연 상태로 뒤적이며 조리다가 국물이 자작
해지면 대파를 넣어요.

닭고기를 바삭하게 튀겨 데리야키 소스에 퐁당!
좀 더 담백한 닭강정을 먹고 싶다면 닭 안심살을 사용해도 돼요.

데리야키 닭강정

★ 엄마 · 아빠 요리 ★

양념장 대신 칠리소스를 넣고
한소끔 끓인 뒤 닭강정과 함께
버무리면 매콤해요.

 황금 4단계 레시피

○ **조리시간 30분**

○ **재료**
　닭다리살 300g, 달걀 1개
　튀김가루 1/2컵
　튀김용 오일 적당량
　소금 · 후춧가루 약간씩

○ **양념장**
　간장 · 맛술 · 올리고당 2숟가락씩
　물 3숟가락
　다진 마늘 1/2숟가락

1 닭다리살은 사방 2cm 크기로 잘라 소금, 후춧가루로 밑간하고, 분량의 재료를 섞어 양념장을 만들어요.

2 볼에 닭다리살, 달걀, 튀김가루를 넣고 골고루 버무려요.

3 튀김용 오일을 180℃로 달군 뒤 **2**를 넣고 바삭하게 튀겨요.

4 팬에 양념장을 넣고 중불로 한소끔 끓인 뒤 튀긴 닭다리살을 넣고 버무리듯 볶아요.

돼지고기를 부드럽고 달콤하게 볶아내고, 아삭거리는 양배추와 향긋한 깻잎을 곁들여내요.
깻잎의 향 때문에 꺼려하는 아이들이 있는데, 고기와 함께 볶아주면 한결 편하게 먹는답니다.

돼지고기깻잎볶음

찹쌀가루 대신 멥쌀가루를 묻혀도 되나요?

찹쌀은 주로 떡을 만들 때 사용하고, 멥쌀은 밥을 지을 때 사용해요. 찹쌀가루 대신 멥쌀가루를 묻히면 고기의 겉이 바삭해져 색다른 맛이 돼요.

 황금 4단계 레시피

○ **조리시간 25분**

○ **재료**
　돼지고기(목살) 250g
　양배추·깻잎 3장씩
　찹쌀가루 3숟가락
　소금·후춧가루 약간씩

○ **양념장**
　간장 2숟가락
　생강즙 1/2숟가락
　맛술 3숟가락
　황설탕 1숟가락

1 양배추와 깻잎은 곱게 채 썰고, 분량의 재료를 섞어 양념장을 만들어요.

2 돼지고기는 소금, 후춧가루를 뿌려 밑간한 뒤 찹쌀가루를 골고루 묻혀요.

3 마른 팬에 돼지고기를 올려 중불로 노릇하게 굽고, 동시에 팬 한쪽에 양배추와 깻잎을 넣고 살짝 볶아요.

4 돼지고기에 양념장을 부어 가볍게 뒤적거리고, 양배추와 깻잎에도 양념장이 살짝 배도록 버무려요.

아이가 잘 먹지 않는 채소가 있다면 잘게 채 썰어 고기 속에 쏙 숨겨주세요.
모양도 예쁘고 하나씩 집어 먹기도 좋아 편식하는 아이들에게 특히 추천하는 메뉴예요.

소고기채소말이

**말아놓은 고기가 자꾸
풀려요. 방법이 없나요?**

이쑤시개를 꽂아 요리한 뒤 모양
이 잡히면 이쑤시개를 제거해요.

 황금 4단계 레시피

- **조리시간 30분**
- **재료**
  소고기(샤브샤브용) 200g
  팽이버섯 1/3봉지
  빨강 파프리카 1/2개
  소금 · 후춧가루 약간씩
- **양념장**
  간장 · 올리고당 · 맛술 1숟가락씩
  굴소스 · 설탕 1/2숟가락씩

1 소고기는 소금, 후춧가루를 뿌려 밑간해요. 팽이버섯은 밑동을 잘라 듬성듬성 갈라
놓고, 파프리카는 곱게 채 썰어요.

2 분량의 재료를 섞어 양념장을 만들어요.

3 소고기를 넓게 펴고 팽이버섯과 파프리카를 조금씩 올려 돌돌 말아요.

4 팬에 소고기말이의 이음매가 바닥을 향하도록 올려 중불로 구운 뒤 굴려가며 사방
을 굽다가 고기가 어느 정도 익으면 양념장을 붓고 윤기나게 조려요.

닭봉은 하나씩 발라먹는 재미가 있어서 좋아요.
아이들도 손에 쥐고 잘 먹는답니다. 각종 채소와 함께 맛있는 양념에 푹 졸여봤어요.

간장닭봉조림

★ 엄마 · 아빠 요리 ★

고춧가루 1숟가락, 송송 썬 청양 고추를 약간 넣고 조리면 매콤한 닭봉조림이 완성돼요.

황금 4단계 레시피

○ **조리시간 30분**

○ **재료**
닭봉 12개, 감자(中) 1개
당근 · 양파 1/4개씩
대파(길이 10cm) 1대
다진 마늘 1/2숟가락
오일 · 맛술 · 소금 · 후춧가루 약간씩

○ **양념**
물 1컵, 간장 3숟가락
맛술 2숟가락
설탕 · 올리고당 1숟가락씩

1 당근, 양파, 대파는 채 썰고, 감자는 도톰하게 반달 썰어요. 닭봉에 맛술, 소금, 후춧가루를 뿌려 밑간해요.
　　mom's tip. 닭봉 말고 다른 부위(닭다리, 닭날개 등)를 사용해도 돼요.

2 오일을 두른 냄비에 대파와 다진 마늘을 볶아 향을 낸 뒤 닭봉을 넣고 중불로 볶아요.

3 감자, 당근, 양파를 넣고 볶다가 양념 재료를 넣고 뚜껑을 덮은 뒤 중불에서 5분, 약한 불에서 10분간 끓여요.

4 뚜껑을 열고 국물이 자작해질 때까지 조려요.

아이가 너무 좋아해서 밖에서도 종종 돈가스를 사 먹곤 하는데, 양이 많아 남기게 돼요.
그래서 아이가 딱 먹기 좋은 크기로 만들어봤어요.
많이 만들어서 한 장씩 분리해 냉동실에 얼려두면 늘 맛있는 돈가스를 먹을 수 있어요.

미니돈가스

STEP 1

STEP 2

고기망치가 없는데
다른 방법은 없나요?

고기망치로 두들겨줘야 고기가
더 연해져요. 고기망치가 없으
면 칼등으로 두들겨보세요. 단,
칼날로 다지듯이 두들기면 고기
가 찢어져서 안 돼요.

STEP 3

STEP 4

황금 4단계 레시피

○ **조리시간 30분**

○ **재료**
　돼지고기(등심) 300g, 양배추 2장
　파인애플통조림 링 1개
　밀가루 1/2컵, 달걀물 1개분
　빵가루 2컵, 케첩 적당량
　튀김용 오일 적당량
　소금·후춧가루 약간씩

○ **양념**
　현미유 1숟가락, 소금 약간
　식초·설탕 1/2숟가락씩

1 양배추는 곱게 채 썰고, 파인애플은 한 입 크기로 작게 썰어요. 양념 재료와 함께 버무려 샐러드를 만들어요.

2 돼지고기는 고기망치로 두들겨 얇게 펴고 5×6cm 크기로 자른 뒤 소금, 후춧가루를 뿌려 밑간해요.

3 돼지고기는 밀가루, 달걀물, 빵가루 순으로 옷을 입혀요.

4 튀김용 오일을 180℃로 달군 뒤 3을 넣고 노릇하게 튀겨요. 완성된 돈가스 위에 케첩을 뿌리고 1과 함께 곁들여내요.

데리야키
연어구이

연어는 단백질과 비타민이 풍부한
생선이에요. 아이의 성장과 소화를
촉진하고 혈액순환을 원활하게 해
주죠. 살도 부드러워 아이들이 먹
기 좋아요.

🤚 황금 3단계 레시피

○ **조리시간 20분**

○ **재료**
연어(구이용) 2토막
아스파라거스 5~6개
레몬슬라이스 1조각
오일·소금·후춧가루 약간씩

○ **양념장**
간장 3숟가락, 맛술 2숟가락
생강즙·설탕·올리고당 1/2숟가락씩

1 분량의 재료를 섞어 양념장을 만들고, 연어는 키친타월에 올려 물기를 닦아낸 뒤 소
금, 후춧가루를 뿌려 밑간해요.

2 오일을 두른 팬에 아스파라거스를 올리고 소금을 뿌려 중불로 살짝 구운 뒤 따로
둬요.

3 연어도 팬에 올려 양면을 노릇하게 중불로 굽고 익으면 양념장을 팬 가장자리로 돌
려가며 부어 조리듯이 구워요. 아스파라거스와 레몬슬라이스를 곁들여내요.

생선버터구이

생선을 버터에 구우면
진한 버디향에 비린내가 싹 잡혀요.
후각이 예민해 생선을 싫어하는
아이라면 다른 향으로 호기심을
일으켜주는 것도 방법이에요.

 황금 3단계 레시피

○ **조리시간 20분**

○ **재료**
대구포 4장
그린빈 5개, 방울토마토 3개
버터 2숟가락
오일·소금·후춧가루 약간씩

1 대구포는 키친타월에 올려 물기를 닦아내고 소금, 후춧가루를 뿌려 밑간해요. 그린
빈과 방울토마토는 이등분해요.
mom's tip. 꼭 대구포가 아니어도 돼요. 흰살 생선으로 대체하거나 가자미살처럼 가시
가 아예 제거된 살로 대신해도 좋아요.

2 버터를 녹인 팬에 그린빈과 방울토마토를 넣고 소금, 후춧가루를 뿌려 살짝 볶아요.

3 팬 한 쪽에 대구포를 올리고 오일을 둘러 앞뒤로 노릇하게 구워요. 구운 대구포 옆
에 그린빈과 방울토마토를 곁들여내요.

211

부드럽고 입에 넣으면 톡 하고 터지는 듯한 식감이 매력적이죠. 우리 집 인기 메뉴 중 하나예요.
가끔 꼬막을 사다 무쳐주면 아이도 아빠도 신이 나서 맛있게 먹는답니다.

꼬막무침

 STEP 1

 STEP 2

★ 엄마·아빠 요리 ★

고춧가루 1숟가락과 다진 청양
고추 1숟가락을 넣고 버무려요.

 STEP 3

 STEP 4

 황금 4단계 레시피

○ **조리시간 30분**

○ **재료**
　꼬막 500g, 소금 약간

○ **양념장**
　간장·맛술·참기름 2숟가락씩
　통깨 1/2숟가락, 다진 대파 3숟가락

1 꼬막은 껍데기를 박박 문질러 씻어서 2~3회 헹군 뒤 냄비에 넣어요. 물은 냄비의 절반 정도 붓고 뚜껑을 덮어 부르르 끓어오를 때까지 끓이다가 불을 끄고 5분간 뜸을 들여요.
　mom's tip. 꼬막을 요리하기 전 물에 소금과 식초를 약간 넣고 꼬막을 푹 잠기게 담가 1시간 정도 두어 해감해요. 이때 쇠숟가락을 함께 넣어두면 해감 속도가 빨라진답니다.

2 꼬막을 건져 물기를 뺀 뒤 껍데기 뒷부분에 숟가락을 끼고 비틀어 꼬막살을 분리해 내요.

3 분량의 재료를 섞어 양념장을 만들어요.

4 볼에 꼬막살과 양념장을 넣고 버무려요.

✤

갈치조림을 할 때는 꼭 무를 넣어요. 양념이 쏙 밴 무가 정말 맛있거든요.
무를 작게 토막 내 갈치살과 함께 따끈한 밥 위에 얹어주면 밥도둑이 따로 없어요.

갈치무조림

★ 엄마 • 아빠 요리 ★

고춧가루 1숟가락과 송송 썬 청
양고추를 약간 넣고 한소끔 끓
여요.

 황금 4단계 레시피

○ 조리시간 30분

○ 재료
   갈치(길이 10cm) 3토막
   무(두께 5cm) 1토막
   대파(길이 10cm) 2대
   육수 1/2컵

○ 양념장
   간장 · 올리고당 2숟가락씩
   고춧가루 · 다진 마늘 · 맛술 1/2숟가락씩
   후춧가루 약간

1 무는 1cm 두께로 반달 썰고, 대파는 어슷 썰어요. 분량의 재료를 섞어 양념장을 만
  들어요.

2 냄비에 무를 깔고 갈치를 올린 뒤 양념장을 끼얹었어요.

3 육수를 붓고 뚜껑을 반 정도 덮어 중불로 5분간 끓여요.

4 뚜껑을 열고 약한 불에서 국물을 끼얹어가며 조리다가 대파를 얹어요.

동태전

명절마다 빠지지 않고 등장하는
메뉴죠. 엄마가 전 부칠 때 옆에
앉아 일손 도우며 하나둘 집어먹던
기억이 나요.

 황금 3단계 레시피

- ○ 조리시간 20분

- ○ 재료
  동태포 150g, 달걀 1개
  밀가루 1/3컵
  쑥갓 잎 10장, 오일 적당량
  참기름·소금·후춧가루 약간씩

1 동태포는 키친타월에 올려 물기를 제거하고 소금과 후춧가루를 뿌려 밑간해요.

2 달걀에 소금을 넣어 곱게 풀고, 동태포 양면에 밀가루를 묻혀 가볍게 털어낸 뒤 달걀물을 입혀요.

3 오일을 넉넉히 두른 달군 팬에 참기름을 몇 방울 떨어뜨리고 동태포를 올려요. 쑥갓 잎을 얹은 뒤 뒤집어가며 중불에서 앞뒤로 노릇하게 부쳐요.
  mom's tip. 참기름을 몇 방울 떨어뜨리면 훨씬 고소해져요. 욕심내지 말고 딱 2~3방울만 넣어주세요.

관자전

관자는 단백질이 풍부하고
지방이 적어 다이어트에도 좋아요.
조개와는 다르게 식감이 쫀득하기
때문에 고기 씹는 기분이 나
아이가 잘 먹어요.

 STEP 1

 STEP 2

 STEP 3

 황금 3단계 레시피

○ **조리시간 20분**

○ **재료**
관자 4개, 달걀 1개
밀가루 1/4컵, 오일 적당량
소금·후춧가루 약간씩

1 관자는 0.5cm 폭으로 슬라이스한 뒤 키친타월에 올려 물기를 제거하고 소금, 후춧가루를 뿌려 밑간해요.

2 달걀에 소금을 넣어 곱게 풀고, 관자 양면에 밀가루를 묻혀 가볍게 털어낸 뒤 달걀물을 입혀요.

3 오일을 넉넉히 두른 팬에 관자를 얹어 중불에서 양면을 노릇하게 부쳐요.
mom's tip. 관자는 너무 오래 부치면 질겨지니까 살짝 익었다 싶은 정도로만 부쳐요.

낙지에는 타우린 성분이 많아 체력을 보강하고 회복시키는 데 효과적이에요.
또 DHC 성분이 풍부해 성장기 어린이의 두뇌발달에도 으뜸이랍니다.

낙지볶음

STEP 1

STEP 2

★ 엄마 · 아빠 요리 ★

고춧가루 1숟가락과 고추장 1/2
숟가락을 넣고 볶으면 반찬으로
도, 안주로도 제격이에요.

STEP 3

STEP 4

 황금 4단계 레시피

○ **조리시간 20분**

○ **재료**
    낙지 1마리, 떡볶이 떡 10개
    양파 1/4개, 양배추 2장
    참기름 · 통깨 약간씩

○ **양념**
    간장 2숟가락
    고춧가루 1/2숟가락
    설탕 · 올리고당 1숟가락씩
    다진 마늘 1/2숟가락

1 낙지는 머리를 뒤집어 속의 내장을 제거하고, 빨판은 문질러 깨끗이 씻은 뒤 7cm
   길이로 잘라요.

2 양파는 굵게 채 썰고, 양배추는 듬성듬성 잘라요.

3 볼에 낙지, 양파, 양배추, 떡볶이 떡을 넣고 양념 재료를 넣어 버무려요.

4 팬에 3을 넣고 볶다가 통깨와 참기름을 뿌려요.

고소한 향과 쫄깃한 식감이 매력적인 식재료 주꾸미를 간장 양념에 달달 볶았어요.
맵지 않고 간도 적당히 배어 있어 아이가 잘 먹는답니다.

주꾸미볶음

 STEP 1

 STEP 2

 STEP 3

 STEP 4

★ 엄마·아빠 요리 ★

고추장 1/2숟가락과 송송 썬 청
양고추를 약간 넣고 살짝 볶아요.

 황금 4단계 레시피

○ **조리시간 30분**

○ **재료**
　주꾸미 10마리, 양파 1/2개
　밀가루·오일·참기름·통깨 약간씩

○ **양념**
　간장·다진 대파·맛술 2숟가락씩
　설탕·다진 마늘 1숟가락씩
　생강즙 1/2숟가락

1 주꾸미는 몸통과 머리를 잘라내고, 머리를 뒤집어 내장을 떼어낸 뒤 밀가루를 넣고
　바락바락 주물러 씻어요. 머리와 다리를 적당한 크기로 분리하고, 양파는 채 썰어요.

2 끓는 물에 주꾸미를 빠르게 살짝 데치고 물기를 제거해요.
　mom's tip. 주꾸미를 데치지 않고 사용하면 수분이 많이 나와 간이 맛있게 배지 않아요.
　데쳐서 볶으면 식감이 더 꼬들꼬들해져요.

3 볼에 주꾸미와 양념 재료를 모두 넣고 잘 버무려요.

4 오일을 두른 달군 팬에 **3**과 양파를 넣고 센 불로 살짝 볶다가 통깨와 참기름을 뿌
　려요.

아삭한 파프리카와 쫀득한 오징어링을 토마토소스에 볶아 새콤달콤하게 먹어요.
여기에 파스타면만 넣으면 해물파스타로도 즐길 수 있어요.

파프리카오징어볶음

**오징어 내장을 꺼내다
터질 때가 많아요.**

몸통과 연결되어 있는 연골을
먼저 손으로 떼어낸 뒤 다리를
잡아당기면 내장이 터지지 않고
한꺼번에 나와요.

 황금 4단계 레시피

○ **조리시간 30분**

○ **재료**
오징어 1마리
빨강 파프리카·청피망 1/2개씩
방울토마토 3개
다진 마늘 1숟가락
토마토소스(시판) 1컵, 오일 약간

1 오징어는 배를 가르지 않고 내장과 연골만 제거한 뒤 1.5cm 두께로 둥글게 링 썰어
요. 다리는 5cm 길이로 잘라요.

2 마늘은 곱게 다지고, 방울토마토는 이등분, 파프리카와 피망은 사방 2cm 크기로 네
모 썰어요.

3 오일을 두른 달군 팬에 다진 마늘을 넣고 약한 불로 볶아 향을 내요.

4 방울토마토와 파프리카를 넣고 뒤적이다가 오징어를 넣고 중불로 재빨리 볶은 뒤
토마토소스를 넣고 조려요.

평소 생선을 즐겨 먹지 않는 아이에게
바삭바삭하게 돈가스처럼 튀겨주면 정말 맛있게 잘 먹어요.

생선가스

★ 엄마·아빠 요리 ★

소스에 다진 양파 2숟가락과 연
겨자를 넣고 함께 먹어요.

 황금 4단계 레시피

○ **조리시간 20분**

○ **재료**
  대구포(또는 동태포) 12장
  밀가루 1/2컵, 달걀물 2개분
  빵가루 2컵, 튀김용 오일 적당량
  파슬리가루·파마산치즈가루 약간씩
  소금·후춧가루 약간씩

○ **소스**
  마요네즈 3숟가락, 레몬즙 2숟가락
  다진 피클 1숟가락

1 대구포는 키친타월에 올려 물기를 제거하고 소금, 후춧가루를 뿌려 밑간해요.
  mom's tip. 냉동된 대구포를 사용할 땐 물기를 꼼꼼히 닦아줘야 해요. 실온에서 해동되
  면서 물이 새어 나오거든요. 그래야 튀김옷이 벗겨지지 않고 단단히 붙어있어요.

2 빵가루에 파슬리가루와 파마산치즈가루를 넣고 섞어요.

3 대구포에 밀가루, 달걀물, 2의 순서로 옷을 입힌 뒤 180℃로 달군 튀김용 오일에 담
  가 노릇하게 튀겨요.

4 분량의 재료를 섞고 소스를 만들어 곁들여내요.

새우채소전

잘게 다진 새우와 조갯살,
각종 채소들로 한 입 크기 전을
부쳐주면 반찬으로도 잘 먹고,
그냥 하나씩 집어먹기도 편해요.

황금 3단계 레시피

○ **조리시간 20분**

○ **재료**
　　새우살 200g, 조갯살 50g
　　양파 1/3개, 부침가루 1/2컵
　　영양부추 10줄기, 물 적당량
　　오일·소금 약간씩

1 새우살은 곱게 다지고, 양파와 조갯살은 굵게 다져요. 영양부추는 송송 썰어요.

2 볼에 새우살, 조갯살, 양파, 영양부추, 부침가루, 소금을 넣고 반죽이 잘 버무려질 정
　도의 물을 넣어 반죽해요.

3 오일을 넉넉하게 두른 달군 팬에 반죽을 1숟가락씩 올리고 양면을 노릇하게 부쳐요.

고등어카레구이

등푸른 생선의 대표격인 고등어는
두뇌발달에 특히나 좋은 음식이죠.
카레 향을 입혀서
특유의 비린내도 꽉 잡았어요.

 STEP 1

 STEP 2

 STEP 3

 황금 3단계 레시피

○ **조리시간 20분**

○ **재료**
  고등어(구이용) 1마리
  멥쌀가루 3숟가락
  카레가루 2숟가락
  오일·굵은 소금 약간씩

1 고등어는 7cm 길이로 자르고 키친타월에 올려 물기를 닦아낸 뒤 소금을 뿌려 10분
   간 재워요.

2 멥쌀가루와 카레가루를 섞은 뒤 고등어 양면에 가볍게 묻히고 여분의 가루는 털어
   내요.
   mom's tip. 카레가루에 멥쌀가루를 섞으면 겉은 더 바삭해지고, 속은 더 부드럽게 구워져요.

3 오일을 두른 달군 팬에 고등어를 올려 중불에서 앞뒤로 노릇하게 구워요.

아이도, 아빠도 보양이 필요한 날엔 소갈비찜을 만들어요.
시간이 조금 걸리지만 그만큼 기력 보충도 되고 맛도 있어서 만드는 시간 내내 즐겁답니다.

소갈비찜

황금 5단계 레시피

○ **조리시간 100분(핏물 제거 시간 제외)**

○ **재료**
소갈비 800g, 양파 1개
당근 1/2개, 밤 3개, 대추 5개

○ **양념**
간장·올리고당 6숟가락씩
설탕 4숟가락, 양파즙 3숟가락
맛술 2숟가락
다진 마늘·참기름 1숟가락씩
후춧가루 약간

1 당근과 양파는 듬성듬성 자르고, 밤은 껍질을 벗겨 이등분해요.

2 소갈비는 기름기를 잘라내고 찬물에 1시간 동안 담가 핏물을 제거한 뒤 끓는 물에 살짝 데쳤다가 다시 찬물에 헹궈요.

3 소갈비에 양념 재료를 넣고 버무려 1시간 정도 재워요.

4 냄비에 3을 넣고 뚜껑을 덮어 중불에서 10분, 약한 불에서 20분간 끓여요.

5 양파, 당근, 밤, 대추를 넣고 뚜껑을 반만 덮어 약한 불로 10분간 더 끓여요.

매생이는 청정지역에서만 나는 겨울 제철 식재료예요.
바다의 약초라고 불릴 만큼 5대 영양소와 철분 등을 두루 갖춘 귀한 매생이로 맛있는 전을 만들어보세요.

해물매생이전

 황금 5단계 레시피

○ **조리시간 25분**

○ **재료**
매생이 50g, 홍합살 100g
오징어(몸통) 1/2마리, 달걀 1개
양파 1/4개, 부침가루 1컵
물 적당량, 소금 약간

○ **양념장**
간장 2숟가락, 맛술 1숟가락
식초 1숟가락, 설탕 1/2숟가락

1 매생이는 체에 올려 흐르는 물에 깨끗이 씻은 뒤 물기를 제거하고 듬성듬성 잘라요.

2 오징어는 3cm 길이로 도톰하게 채 썰고, 양파도 곱게 채 썰어요.

3 볼에 매생이, 양파, 부침가루와 반죽이 잘 버무려질 정도의 물을 넣고 반죽해요.

4 오일을 넉넉하게 두른 팬에 반죽을 도톰하게 펴 올리고, 홍합살과 오징어를 올려요.

5 달걀을 살짝 풀어 4 위에 붓고 중불로 양면을 노릇하게 부쳐요. 분량의 재료를 섞어서 양념장을 만들어 곁들여내요.
   mom's tip. 달걀을 곱게 풀지 않고 살짝만 섞어 부으면 노른자와 흰자가 뭉쳐서 전에 스며들어요. 더 먹음직스러워 보인답니다.

콩나물잡채

콩나물과 당면을 반반 넣고
잡채를 만들어요.
꼬독꼬독 콩나물 식감이
잡채 맛을 업그레이드 시켜준답니다.

 황금 3단계 레시피

○ **조리시간 30분**

○ **재료**
콩나물 2줌(약 100g), 당면 100g
양파 1/2개, 당근 1/6개
부추 10줄기, 오일·소금 약간씩

○ **양념장**
간장 3숟가락
참기름·설탕 2숟가락
통깨 1/2숟가락
소금·후춧가루 약간씩

1 양파와 당근은 곱게 채 썰고, 부추는 5cm 길이로 잘라요. 콩나물은 소금을 넣은 끓는 물에 아삭하게 데친 뒤 체에 밭쳐 한 김 식혀요.

2 당면은 끓는 물에 삶아 가위로 한 번 자르고, 분량의 재료를 섞어 양념장을 만들어요.
mom's tip. 당면은 생각보다 잘 익지 않아요. 따뜻한 물에 충분히 불렸다가 삶아주세요.

3 오일을 두른 팬에 당근과 양파를 넣고 부드러워질 때까지 볶다가 콩나물, 당면, 양념장, 부추 순으로 넣고 재빨리 볶아요.

두부브로콜리 볶음

두부와 브로콜리,
달걀 스크램블까지!
아이들에게 필요한 것들만 모아
볶았어요. 순한 맛에 소화도
잘 되고 맛도 있어요.

 황금 3단계 레시피

○ **조리시간 25분**

○ **재료**
　두부 1/4모, 달걀 1개
　브로콜리 · 양파 1/4개씩
　쪽파 3줄기
　참기름 1숟가락, 오일 적당량
　소금 · 후춧가루 약간씩

○ **양념**
　굴소스 · 올리고당 2숟가락씩
　간장 1/2숟가락

1 두부는 사방 1cm로 깍둑 썰고, 브로콜리는 송이송이 떼고, 쪽파는 송송 썰어요. 양파는 잘게 다져요.

2 달걀에 소금을 넣고 곱게 풀어서 스크램블하고, 두부는 오일을 넉넉히 두른 팬에 올려 소금을 살짝 뿌려가며 노릇하게 구워요.

3 다진 양파와 브로콜리를 넣고 함께 볶다가 양념 재료를 넣고 빠르게 뒤섞어요. 스크램블을 넣어 버무리듯 볶은 뒤 참기름과 쪽파를 뿌려요.

고단백 저칼로리 식품 두부로 스테이크를 만들어요. 고기가 들어가지 않았는데 신기하게도
식감과 맛, 모양까지 고기와 비슷해요. 완두콩을 함께 곁들여내니 레스토랑에 온 듯 고급스러운 분위기가 나지 않나요?

두부스테이크

 황금 3단계 레시피

○ **조리 시간 30분**

○ **재료**
두부 1모, 브로콜리 1/6개
베이컨 3장, 양파 1/2개
빵가루 적당량, 완두콩 1/2컵
오일·소금·후춧가루 약간씩
스테이크소스(시판용) 적당량

1 두부는 칼등으로 으깬 뒤 면보에 올려 물기를 제거하고, 브로콜리, 베이컨, 양파는 곱게 다져요.

2 볼에 두부, 브로콜리, 베이컨, 양파를 넣고 소금과 후춧가루로 간을 한 뒤 빵가루를 넣어 반죽해요.

3 반죽을 동글납작하게 빚고 겉면에 빵가루를 가볍게 묻혀요. 오일을 두른 달군 팬에 올려 중불에서 앞뒤로 노릇하게 굽고, 삶은 완두콩과 스테이크소스를 뿌려내요.

 빵가루 대신 밀가루를 넣어도 되나요?

빵가루를 넣어야 스테이크를 더 예쁘게 빚을 수 있어요. 밀가루를 넣으면 오히려 찐득하게 만들어져요.

GOLD RECIPE

반찬 없이 간편하게 뚝딱 한 그릇 밥 & 면

매일 영양가 있는 반찬으로 한 상 푸짐하게 차려주고 싶은 게 엄마의 마음이라지만
가끔 힘에 부칠 때가 있어요. 이런 날엔 양보다는 질에 집중해보는 건 어떤가요?
건강한 재료들을 모아 한 그릇 안에 꾹꾹 눌러 담아주는 거죠.
맛도 있으면서 시간도 단축되고 보기도 좋아 일석삼조! 아이도 잘 먹는답니다.

김치볶음밥은 온 가족이 즐겨 먹는 메뉴예요. 김치만 맛있으면 그 어떤 조미료도 필요 없죠.
아이가 어리면 김치의 매운기를 살짝 씻어낸 뒤 사용하세요.

치즈김치볶음밥

**프라이팬에 맞는
뚜껑이 없어요.**

완성된 볶음밥을 그릇에 옮겨
담아요. 그 위에 모차렐라치즈
를 얹은 뒤 전자레인지로 치즈
를 녹여도 돼요.

 황금 4단계 레시피

○ **조리시간 25분**

○ **재료**
밥 2공기, 김치 1/4포기
스팸(小) 1/2캔, 양파 1/4개
설탕 1/2숟가락
모차렐라치즈 1컵
오일·소금 약간씩

1 김치, 스팸, 양파는 굵게 다져요.

2 오일을 두른 팬에 김치, 양파, 설탕을 넣고 볶다가 스팸을 넣고 중불로 함께 볶아요.

3 밥을 넣고 고슬고슬하게 볶은 뒤 소금으로 간해요.

4 모차렐라치즈를 올려 뚜껑을 덮고 약한 불로 녹여요.

중국집에서 시켜 먹는 볶음밥보다 맛있어서 아이보다 아빠가 더 좋아해요.
한 그릇 다 비우는 동안 대파향이 은은하게 남아있어 식욕을 더 돋우죠.

중화풍 달걀볶음밥

 STEP 1

 STEP 2

 STEP 3

 STEP 4

**달걀이 메말라서
딱딱해져요.**

마지막 단계에서 달걀물을 붓고
불을 약하게 줄인 상태로 살짝
만 빠르게 볶아주세요.

 황금 4단계 레시피

○ **조리시간 20분**

○ **재료**
밥 2공기, 새우살 1/2컵
달걀 2개
대파(길이 10cm) 2대
굴소스 1숟가락
오일·소금·후춧가루 약간씩

1 대파는 얇게 송송 썰고, 달걀에 소금 약간을 넣고 곱게 풀어요.

2 오일을 두른 팬에 대파를 약한 불로 볶아 향을 내요.

3 밥과 새우살을 넣고 볶다가 굴소스, 소금, 후춧가루로 간해요.

4 팬 한쪽에 달걀물을 붓고 젓가락으로 저어 고슬고슬하게 만든 뒤 밥과 가볍게 섞어요.

두부를 도톰하게 잘라 구워주면 속은 촉촉하고 부드럽고 겉은 바삭해 맛도 식감도 좋아져요.
밥 대신 면을 넣고 볶아주면 아이들이 좋아하는 짜장면이 돼요.

두부짜장덮밥

**왜 두부를 따로
구워서 넣나요?**

같이 넣어도 되긴 하지만 부드
러운 두부가 볶는 동안 으스러
질 수 있어요. 하지만 구워서 넣
게 되면 모양이 단단하게 잡혀
으스러질 일도 없고, 훨씬 고소
한 맛이 나요. 식감도 좋고요.

 황금 4단계 레시피

○ **조리시간 30분**

○ **재료**
밥 2공기, 두부 1/2모
감자(中) 1/2개, 양파 1개
애호박 1/4개, 양배추 2장
짜장가루 1/2컵, 물 2컵
오일·소금 약간씩

1 감자, 양파, 애호박, 양배추는 사방 1cm 크기로 네모 썰어요.

2 두부는 사방 1.5cm 크기로 깍둑 썰고 오일을 넉넉하게 두른 팬에 올려 소금을 뿌려
가며 중불에서 바삭하게 구운 뒤 덜어내요.

3 팬에 양파를 넣고 갈색이 될 때까지 약한 불로 볶다가 감자, 애호박, 양배추를 넣고
함께 볶아요. 채소가 익으면 물과 짜장가루를 붓고 끓여요.

4 걸쭉하게 농도가 나면 두부를 넣고 가볍게 섞은 뒤 밥 위에 올려요.

카레를 끓이다보면 집안에 향긋한 카레향이 퍼져 식욕이 마구 돋아나요.
밥을 그냥 퍼 담는 게 아니라 곰돌이 모양으로 만들어주면 재미있다고 좋아하며 훨씬 잘 먹게 될 거예요.

곰돌이 카레라이스

STEP 1

STEP 2

STEP 3

STEP 4

**생크림을 꼭
넣어야하나요?**

아이 입에는 카레가 맵다고 느
껴질 수도 있어요. 생크림을 넣
으면 매운 맛이 줄고 부드러워
져 아이들도 잘 먹어요.

황금 4단계 레시피

○ **조리시간 25분**

○ **재료**
　밥 2공기, 닭안심 4개(약 120g)
　감자(中) 1/2개, 양파 1/2개
　애호박·당근 1/4개씩
　카레가루 1/2컵
　물 2컵, 생크림 3숟가락
　오일·소금·후춧가루 약간씩

1 감자, 양파, 애호박, 당근은 사방 1cm 크기로 깍둑 썰어요.

2 닭도 사방 1cm 크기로 썰고 소금, 후춧가루를 뿌려 밑간해요.

3 오일을 두른 냄비에 닭을 중불로 볶다가 어느 정도 익으면 당근, 감자, 애호박, 양파
　순으로 넣어 볶아요.

4 물을 붓고 카레가루를 풀어 끓인 뒤 농도가 살짝 걸쭉해지면 생크림을 넣고 섞어
　요. 밥을 곰돌이 모양으로 만들고 완성된 카레를 가장자리에 담아내요.

파인애플볶음밥

볶음밥에 파인애플을 넣어보세요.
씹힐 때마다 과즙이 팡팡 터지고
달콤하기까지!

 STEP 1

 STEP 2

 STEP 3

 황금 3단계 레시피

○ **조리시간 20분**

○ **재료**
밥 2공기, 새우살 1/2컵
파인애플통조림 링 1개
양송이버섯 2개, 양파 1/4개
미니 파프리카 1개
쪽파 2줄기
굴소스 2숟가락
설탕 1/2숟가락, 오일·소금 약간씩

1 양송이버섯, 양파, 파프리카, 파인애플은 사방 1.5cm 크기로 네모 썰고, 쪽파는 송송 썰어요.

2 오일을 두른 달군 팬에 새우살, 양송이버섯, 양파, 파프리카를 넣고 중불로 볶다가 새우살에 붉은기가 돌면 밥과 굴소스, 설탕을 넣고 함께 볶아요.

3 파인애플을 넣고 살짝 뒤적거린 뒤 쪽파를 뿌리고 소금으로 간해요.

채소층층밥

예쁜 빛깔의 채소를 다져서
층층이 쌓아봤어요.
섞을 필요 없이 숟가락으로
푹 떠서 먹으면 돼요.
평소 잘 안 먹는 채소가 있다면
다양한 방식으로 접하게 해주세요.

 STEP 1

 STEP 2

 STEP 3

 황금 3단계 레시피

○ **조리시간 20분**

○ **재료**
밥 1½공기, 참치 통조림(小) 1개
당근 1/3개, 애호박 1/2개
마요네즈 적당량
오일·소금 약간씩

○ **양념장**
간장 2숟가락
설탕·참기름 1숟가락씩
통깨 약간

1 당근과 애호박은 굵게 다지고, 분량의 재료를 섞어 양념장을 만들어요. 참치는 체에 올려 기름기를 제거한 뒤 덩어리를 풀어둬요.

2 오일을 두른 팬에 당근, 애호박을 넣고 소금으로 간하며 각각 볶아요.

3 예쁜 병에 밥, 당근, 밥, 애호박, 밥, 참치 순서로 층층이 담고 양념장과 마요네즈를 취향껏 뿌려요.

부들부들한 두부에 각종 채소들을 다져 넣고 된장 양념에 보글보글 볶아 밥 위에 덜어주기만 하면 끝!
재료도 간단하고 만들기도 쉬워서 초보 엄마들에게 추천하는 메뉴예요.

된장마파두부덮밥

황금 5단계 레시피

○ **조리시간 20분**

○ **재료**
밥 2공기
돼지고기(다짐육) 100g
두부 1/2모, 양파 1/2개
청피망·홍피망 1/4개씩
대파(길이 10cm) 1대
다진 마늘 1/2숟가락, 물 1½컵
물전분 2숟가락
오일·소금·후춧가루 약간씩

○ **양념장**
된장 3숟가락, 맛술·간장 1숟가락씩
굴소스·설탕 1/2숟가락씩

1 두부는 사방 1cm 크기로 네모 썰고, 청피망, 홍피망, 양파, 대파는 굵게 다져요.
mom's tip. 소금을 약간 넣은 끓는 물에 두부를 넣고 살짝 데친 뒤 요리에 사용하면 모양이 망가지지 않고 탄력이 생겨요.

2 돼지고기는 키친타월에 올려 핏물을 제거한 뒤 소금, 후춧가루를 뿌려 밑간해요.

3 오일을 두른 팬에 다진 마늘과 대파를 약한 불로 볶아 향을 낸 뒤 돼지고기, 양파, 청피망, 홍피망을 넣고 중불에서 함께 볶아요.

4 분량의 재료를 섞어 만든 양념장을 붓고 뒤적거린 뒤 물을 붓고 한소끔 끓여요. 끓어오르면 물전분을 넣어 농도를 내요.

5 두부를 넣고 가볍게 섞은 뒤 밥 위에 올려요.

콩나물을 살짝 데치고 불고기를 구워서 밥 위에 올려주면 끝!
냉장고 속에 쟁여두었던 채소들도 잘게 다져서 함께 볶아내요. 이렇게 쉽게 건강한 한 끼 밥상이 완성돼요.

콩나물불고기덮밥

**김가루는 어떻게
만드나요?**

가스불에 김을 살짝 구운 뒤 비
닐봉지에 넣고 쥐었다 폈다 하
면서 곱게 부숴요.

 황금 4단계 레시피

○ **조리시간 20분**

○ **재료**
밥 2공기, 콩나물 2줌(약 100g)
소고기(불고기용) 100g, 달걀 2개
김가루 1/2줌
오일·소금 약간씩

○ **소고기 양념**
간장·다진 대파 1숟가락씩
설탕·다진 마늘·참기름 1/2숟가락씩
후춧가루 약간

○ **양념장**
간장 3숟가락, 맛술 2숟가락
설탕·참기름 1숟가락씩, 통깨 약간

1 콩나물은 머리와 뿌리를 뗀 뒤 소금을 넣은 끓는 물에 살짝 데치고 3cm 길이로 잘라요.

2 소고기는 잘게 자른 뒤 소고기 양념을 넣고 골고루 버무려요. 분량의 재료를 섞어 양념장을 만들어요.

3 오일을 두른 팬에 소고기를 넣고 약한 불로 부드럽게 볶아요. 달걀은 따로 프라이해요.

4 따뜻한 밥 위에 콩나물, 소고기, 달걀 프라이, 김가루를 올리고 양념장을 뿌려내요.

고소한 버터향 가득한 리소토는 우리 집 인기 메뉴예요. 여기에 각종 버섯들을 다져 넣어 영양가도 높였죠.
예쁜 접시에 담아 내면 유명 레스토랑도 부럽지 않답니다.

크리미 버섯리소토

 황금 5단계 레시피

○ **조리시간 30분**

○ **재료**
　표고버섯 1개
　양송이버섯 2개, 양파 1/4개
　마늘 2톨, 불린 쌀 1컵
　파마산치즈가루 2숟가락
　버터 1숟가락, 치킨스톡 1½컵
　파슬리가루 · 소금 · 후춧가루 약간씩

1 표고버섯, 양송이버섯, 양파, 마늘은 굵게 다져요.

2 버터를 녹인 팬에 다진 양파와 마늘을 약한 불로 볶아 향을 내요.

3 불린 쌀을 넣고 치킨스톡을 조금씩 부어가며 중불로 계속 볶아요.

4 표고버섯과 양송이버섯을 넣고 볶다가 파마산치즈가루, 소금, 후춧가루를 넣고 간 해요.

5 버터 1숟가락을 얹고 녹인 뒤 파슬리가루를 뿌려요.

일식집에 가면 돈부리를 많이 시켜먹는데 그것과 거의 흡사한 비주얼과 맛을 흉내내봤어요.
너무 짜지 않게 양념의 양을 조절해주세요.

돈가스덮밥

STEP. 1

STEP. 2

STEP. 3

STEP. 4

STEP. 5

 황금 5단계 레시피

○ **조리시간 25분**

○ **재료**
밥 2공기, 돈가스(시판용) 2장
양파 1/2개, 팽이버섯 1/4봉지
달걀 2개, 쪽파 2줄기
튀김용 오일 적당량

○ **양념장**
간장 · 설탕 1숟가락씩
쯔유 · 맛술 2숟가락씩
물 1/2컵

1 양파는 채 썰고, 팽이버섯은 밑동을 잘라 알맞은 굵기로 갈라요. 쪽파는 송송 썰어요.

2 달걀은 곱게 풀고, 분량의 재료를 섞어 양념장을 만들어요.

3 180℃로 달군 튀김용 오일에 돈가스를 노릇하고 바삭하게 튀긴 뒤 철망 위에 올려 기름기를 제거해요.

4 오일을 두른 팬에 양파를 약한 불로 볶아 갈색으로 변하면 양념장을 넣고 한소끔 끓인 뒤 돈가스를 잘라 넣어요.

5 가장자리에 달걀물을 부어 살짝 익힌 뒤 따뜻한 밥 위에 올리고 쪽파를 뿌려요.

촉촉하게 볶은 소고기와 아삭거리는 오이 무침, 달걀 스크램블로 먹음직스러운 삼색 소보로밥을 만들어요.
맛도 자극적이지 않고 만드는 법도 간단해 누구나 좋아하는 덮밥이에요.

삼색 소보로밥

 황금 5단계 레시피

○ **조리시간 25분**

○ **재료**
밥 2공기, 소고기(다짐육) 150g
오이 1/2개, 달걀 2개
오일 · 소금 약간씩

○ **밥 양념**
간장 2숟가락, 참기름 1숟가락
통깨 약간

○ **소고기 양념**
간장 · 설탕 1숟가락씩
후춧가루 약간

1 따뜻한 밥에 밥 양념 재료를 넣고 버무려요.

2 소고기에 소고기 양념 재료를 넣고 버무린 뒤 오일을 두른 팬에 올려 약한 불로 부드럽게 볶아요.

3 오이는 얇게 슬라이스하고 소금을 뿌려 10분간 절인 뒤 물기를 짜요.

4 달걀은 소금을 약간 넣고 곱게 풀어요. 오일을 두른 달군 팬에 붓고 약한 불에서 젓가락으로 저어가며 스크램블해요.

5 밥 위에 소고기, 오이, 달걀을 일렬로 가지런히 올려요.

바지락 듬뿍 넣고 팔팔 끓이면 시원한 국물 맛이 일품인 바지락칼국수가 완성돼요.
한 그릇 안에 바다의 맛과 향을 가득 담아내주세요.

바지락칼국수

STEP 1

STEP 2

STEP 3

STEP 4

국물이 너무 걸쭉해져요.

칼국수면을 넣을 때 덧가루를
확실하게 탈탈 털어낸 뒤 넣어
주세요. 덧가루가 같이 들어가
면 국물이 탁해지고 걸쭉해질
수밖에 없어요.

 황금 4단계 레시피

○ **조리시간 30분**

○ **재료**
칼국수면 200g
바지락 200g, 감자(中) 1/2개
애호박·양파 1/4개씩
대파(길이 10cm) 1대
다진 마늘 1/3숟가락
국간장 1½숟가락, 물 5컵
소금·후춧가루 약간씩

1 볼에 바지락과 바지락이 잠길 정도의 물을 부은 뒤 소금을 넣고 어두운 곳에 30분
간 두어 해감해요.
mom's tip. 봉지에 담아 파는 바지락은 해감된 상태니까 따로 해감하지 않아도 돼요.

2 감자와 애호박은 반달 썰고, 양파는 굵게 채 썰고, 대파는 어슷 썰어요.

3 냄비에 물과 바지락을 넣고 중불로 10분간 끓이다가 끓으면 감자와 애호박을 넣고
한소끔 더 끓여요.

4 칼국수면, 양파, 대파, 다진 마늘을 넣고 끓인 뒤 국간장, 소금, 후춧가루로 간해요.

칼국수를 좋아해 자주 해먹곤 하는데 그 중에서도 으뜸은 닭칼국수가 아닐까 해요.
부드러운 닭다리살 대신 담백한 닭가슴살로 대체해도 맛있어요.

닭칼국수

STEP 1
STEP 2
STEP 3
STEP 4

 황금 4단계 레시피

○ **조리시간 40분**

○ **재료**
칼국수면 300g
닭다리 4개, 양파 1/2개
대파(길이 10cm) 2대
다진 마늘 1/2숟가락
국간장 1숟가락, 물 5컵
소금·후춧가루 약간씩

1 양파 절반은 굵게 채 썰고, 나머지는 듬성듬성 썰어요. 대파 1대는 반으로 자르고, 나머지는 어슷 썰어요.

2 냄비에 닭다리, 듬성듬성 자른 양파, 반으로 썬 대파, 물을 붓고 뚜껑을 반쯤 덮은 채 약한 불로 30분간 끓이다가 닭다리가 익으면 건더기를 모두 건져내요.

3 닭다리는 살을 잘게 찢어요.

4 2의 국물에 칼국수와 채 썬 양파를 넣고 팔팔 끓이다가 끓으면 닭다리살, 어슷 썬 대파, 다진 마늘을 넣고 국간장, 소금, 후춧가루로 간해요.

잘 우린 멸치육수에 소면을 퐁당 담가 맛있는 잔치국수를 만들어요. 소면 대신 쌀국수 면을 넣어도 돼요.
육수가 맛있어서 어떤 재료와 조합해도 국물까지 싹 다 비우게 될 거예요.

멸치국수

 황금 5단계 레시피

○ **조리시간 30분**

○ **재료**
소면 2줌(약 160g)
애호박 1/4개, 표고버섯 2개
달걀 1개, 김가루 1줌
다진 마늘 1/2숟가락
국간장 1숟가락, 오일·소금 약간씩

○ **육수**
멸치(육수용) 10개(약 10g)
다시마(사방 5cm) 1장, 물 4컵

1 표고버섯과 애호박은 굵게 채 썰어 오일을 두른 달군 팬에 올리고 소금으로 간하면서 중불에서 각각 살짝 볶아둬요.

2 달걀에 소금을 약간 넣고 곱게 풀어서 오일을 두른 팬에 부어 약한 불로 얇게 부친 뒤 곱게 채 썰어요.

3 냄비에 육수 재료를 넣고 10분간 중불로 끓이다가 끓으면 멸치와 다시마를 건져낸 뒤 다진 마늘, 국간장, 소금을 넣고 간해요.

4 끓는 물에 소면을 넣고 끓어오르면 찬물을 1~2번 부어 한 번 더 삶은 뒤 건져내 찬물에 헹구고 물기를 빼요.
mom's tip. 끓는 중에 찬물을 부으면 면이 쫄깃해져요. 2번 정도 반복해주면 좋아요.

5 소면에 **3**을 붓고 표고버섯, 애호박, 달걀지단, 김가루를 올려내요.

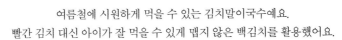

여름철에 시원하게 먹을 수 있는 김치말이국수예요.
빨간 김치 대신 아이가 잘 먹을 수 있게 맵지 않은 백김치를 활용했어요.

백김치말이국수

★ 엄마 · 아빠 요리 ★

백김치 국물 대신 빨간 김칫국물을 사용하고 청양고추를 송송 썰어 올려요

 황금 4단계 레시피

○ **조리시간 40분**

○ **재료**
  소면 2줌(약 160g)
  백김치 4줄기
  백김치국물 1컵, 김가루 1줌
  다진 마늘 1/2숟가락
  국간장 1숟가락
  통깨 · 소금 약간씩

○ **육수**
  멸치(육수용) 10개(약 10g)
  다시마(사방 5cm) 1장, 물 2½컵

1 냄비에 분량의 육수 재료를 넣고 중불로 10분간 끓인 뒤 멸치와 다시마를 건져내고 다진 마늘, 국간장, 소금을 넣어 간해요. 냉장고에 넣어 차갑게 만들어요.

2 백김치는 1cm 폭으로 썰고, 육수 2컵과 백김치국물을 섞어요.
  mom's tip. 육수 만들기가 번거로우면 시판용 육수로 대체해도 돼요.

3 끓는 물에 소면을 넣고 끓어오르면 찬물을 1~2번 부어 삶은 뒤 건져내 찬물에 헹구고 물기를 빼요.
  mom's tip. 끓는 중에 찬물을 부으면 면이 쫄깃해져요. 2번 정도 반복해주면 좋아요.

4 소면에 **2**를 부은 뒤 백김치를 올리고 통깨를 뿌려요.

간장 양념에 소면을 말아 소고기, 오이, 달걀지단을 얹어 맛있게 비벼주세요.
국물 쏟을 걱정 없어 엄마도 편하고 간간한 양념 덕에 아이가 잘 먹어요.

간장비빔국수

★ 엄마 · 아빠 요리 ★

소고기에 고추장 1숟가락을 넣
고 살짝 볶은 뒤 면 위에 올려요.

 황금 4단계 레시피

○ **조리시간 20분**

○ **재료**
소면 2줌(약 160g), 오이 1/4개
소고기(다짐육) 100g, 달걀 1개
오일 · 소금 · 후춧가루 약간씩

○ **양념**
간장 3숟가락, 참기름 1숟가락
올리고당 1½숟가락, 통깨 약간

1 오이는 얇게 통 썰고 소금을 뿌려 10분간 절인 뒤 물기를 짜요.

2 오일을 두른 팬에 소고기를 소금, 후춧가루로 간하며 중불로 볶다가 오이를 넣고 살
짝 뒤적여요. 달걀은 소금을 약간 넣고 곱게 풀어서 오일을 두른 팬에 부어 얇게 부
친 뒤 채 썰어요.

3 끓는 물에 소면을 넣고 끓어오르면 찬물을 1~2번 부어 삶은 뒤 건져내 찬물에 헹구
고 물기를 빼요.
mom's tip. 끓는 중에 찬물을 부으면 면이 쫄깃해져요. 2번 정도 반복해주면 좋아요.

4 볼에 소면, 양념 재료, **2**를 넣고 잘 버무린 뒤 달걀지단을 올려요.

단백질이 풍부한 두부를 으깨 국수에 비벼먹으면 맛도 순해지고 식감도 좋아져요.
특히 김치를 잘 먹지 않는 아이들이 김치와 조금이나마 친숙해지도록 도와준답니다.

아이 김치비빔국수

STEP 1

STEP 2

STEP 3

STEP 4

STEP 5

 황금 5단계 레시피

○ **조리시간 25분**

○ **재료**
소면 2줌(약 160g)
배추김치 1/6포기, 두부 1/6모
오이 1/4개, 잣 약간

○ **김치 양념**
참기름 1숟가락, 설탕 1/2숟가락

○ **양념장**
김칫국물 1/2컵
식초 · 설탕 2숟가락씩
국간장 1/2숟가락

1 배추김치는 양념을 털어 1cm 폭으로 썰고, 오이는 곱게 채 썰어요.

2 두부는 칼등으로 으깬 뒤 키친타월에 올려 물기를 빼요.

3 볼에 배추김치와 김치 양념을 넣어 버무리고, 분량의 재료를 섞어 양념장을 만들어요.

4 끓는 물에 소면을 넣고 끓어오르면 찬물을 1~2번 부어 삶은 뒤 건져내 찬물에 헹구고 물기를 빼요.
   mom's tip. 끓는 중에 찬물을 부으면 면이 쫄깃해져요. 2번 정도 반복해주면 좋아요.

5 볼에 소면, 양념장을 넣고 가볍게 버무린 뒤 배추김치(3), 오이, 두부, 잣을 올려내요.

269

수제비를 만들 때는 아이가 직접 수제비 반죽을 떼서 넣어볼 수 있게 해요.
작은 고사리손으로 집중하는 모습을 보면 더 사랑스럽답니다.

감자수제비

STEP 1

STEP 2

STEP 3

STEP 4

STEP 5

 황금 5단계 레시피

○ **조리시간 30분**

○ **재료**
밀가루 1½컵, 양파 1/4개
감자(中) 1개, 물 4컵
대파(길이 10cm) 1대
미지근한 물 적당량
멸치(육수용) 10개(약 10g)
다시마(사방 5cm) 1장
다진 마늘 1/2숟가락
국간장 1숟가락
소금 약간

1 볼에 밀가루, 소금을 넣고 미지근한 물을 부어가며 충분히 치댄 뒤 비닐랩을 덮어 냉장고에서 30분 이상 숙성시켜요.
   mom's tip. 숙성 과정을 거쳐야 수제비 식감이 더 쫄깃해져요. 숙성을 건너뛰면 반죽이 퍽퍽할 수 있어요.

2 양파는 굵게 채 썰고, 감자는 반달 모양으로 썰어요. 대파는 어슷 썰어요.

3 냄비에 물, 멸치, 다시마를 넣고 중불로 10분간 끓인 뒤 멸치와 다시마를 건져내요.

4 감자와 양파를 넣고 감자가 익으면 수제비 반죽을 얇게 뜯어 넣어요.

5 수제비가 익어 떠오르면 다진 마늘을 넣고 국간장으로 간해요. 대파를 넣고 소금으로 부족한 간을 해요.

✦

떡국은 명절이 되면 꼭 해먹는 음식이죠. 해물을 넣어 만든 떡국도 맛있지만
저는 소고기 넣고 푹 끓인 떡국을 더 선호해요. 국물 맛도 진하고 고기 건져먹는 재미도 있고요.

소고기떡국

 황금 5단계 레시피

○ **조리시간 20분**

○ **재료**
떡국떡 2줌(약 200g)
소고기(양지) 300g
대파(길이 10cm) 1대
달걀 1개, 다진 마늘 1/2숟가락
국간장 1½숟가락, 물 4컵
오일·참기름·소금·후춧가루 약간씩

1 떡국떡은 물에 푹 담가 두고, 대파는 어슷 썰어요.

2 달걀에 소금을 약간 넣고 곱게 풀어 오일을 두른 팬에 붓고 얇게 부친 뒤 곱게 채 썰어 지단을 만들어요.

3 소고기는 얇게 편 썰고 참기름을 두른 냄비에 소금, 후춧가루로 간하면서 중불로 볶아요.

4 물을 붓고 한소끔 끓인 뒤 떡국떡을 넣어요.

5 떡이 부드러워지면 대파와 국간장을 넣고, 소금으로 나머지 간을 한 뒤 달걀지단을 올려내요.

273

달걀만둣국

시중에 파는 물만두를 사용해
간단하게 만들 수 있어요.
완성된 요리에 고추기름만
한 바퀴 둘러내면 어른 입맛에도
딱 맞는 중국식 완탕면으로 변신!

STEP 1

STEP 2

STEP 3

황금 3단계 레시피

○ **조리시간 15분**

○ **재료**
물만두 20개
달걀 1개
멸치(육수용) 10개(약 10g)
다시마(사방 5cm) 1장
다진 마늘 1/2숟가락
국간장 1숟가락
대파(길이 10cm) 1대
물 4컵, 소금 약간

1 냄비에 물, 멸치, 다시마를 넣고 중불로 10분간 끓인 뒤 멸치와 다시마를 건져내요.

2 물만두를 넣고 끓이다가 물만두가 익으면 달걀을 풀어 넣어요.

3 송송 썬 대파와 국간장을 넣고 소금으로 나머지 간을 해요.

소시지카레우동

카레우동에 문어 모양으로 자른
소시지를 넣어 아이에게 줬더니
정말 맛있게 잘 먹더라고요.
남은 카레국물에 밥도 말아먹어요.

STEP 1

STEP 2

STEP 3

 황금 3단계 레시피

○ **조리시간 25분**

○ **재료**
   우동면 2봉지
   비엔나소시지 6개
   양파 1/2개, 브로콜리 1/6개
   카레가루 1/2컵, 물 1½컵
   오일 약간

1 비엔나소시지는 한쪽 가장자리에 칼집을 3번 정도 넣어 문어 모양으로 만들고, 브로콜리는 송이송이 떼고, 양파는 듬성듬성 썰어요.

2 우동면은 끓는 물에 20초간 데친 뒤 체에 밭쳐 물기를 빼요.

3 오일을 두른 냄비에 소시지, 브로콜리, 양파를 넣고 볶다가 물과 카레가루를 넣고 중불로 팔팔 끓여요. 데친 우동을 넣고 한소끔 더 끓여요.

생크림을 베이스로 만든 크림소스 파스타는 느끼한 것이 당기는 날 만들어 먹곤 해요.
소스도 부드럽고 맛있어서 아이도 정신없이 먹는답니다.

베이컨크림파스타

단맛이 너무 강해요.

생크림은 제과용과 요리용이 있
어요. 제과용은 당 성분이 포함
된 것이라 많이 달아요. 당 성분
이 포함되지 않은 요리용인지
꼭 확인한 뒤 사용하세요.

 황금 4단계 레시피

○ **조리시간 25분**

○ **재료**
스파게티 2줌(약 160g)
브로콜리 1/6개, 베이컨 4장
양파 1/4개, 양송이버섯 3개
마늘 2톨, 생크림 2컵
파마산치즈가루 2숟가락
오일·소금·후춧가루 약간씩

1 베이컨은 1.5cm 폭으로 썰고, 양파는 굵게 채 썰고, 브로콜리는 송이송이 떼요. 양송이버섯과 마늘은 편 썰어요.

2 끓는 물에 소금을 넣고 스파게티를 8분간 삶은 뒤 체에 받쳐 물기를 빼요.

3 오일을 두른 팬에 마늘을 약한 불로 볶아 향을 내고 베이컨, 양파, 양송이버섯, 브로콜리를 넣어 볶아요.

4 생크림을 넣고 한소끔 끓인 뒤 스파게티를 넣어요. 모든 재료가 잘 섞이도록 저어준 뒤 소금, 후춧가루로 나머지 간을 하고 파마산치즈가루를 뿌려요.

✦

평범한 면 대신에 색다른 스파게티 면으로 요리해주면 신기해하며 잘 먹더라고요.
이번엔 하나씩 집어 먹기 좋은 리카토니 면을 써봤어요.
서툴더라도 다양한 재료를 사용해 요리하다 보면 요리가 더 재미있게 느껴져요.

달걀토마토파스타

 황금 5단계 레시피

○ **조리시간 25분**

○ **재료**
리카토니 2줌(약 120g)
양파·청피망·홍피망 1/4개씩
비엔나소시지 4개
마늘 2톨, 달걀 2개
토마토소스(시판) 2컵
오일·소금 약간씩

1 양파, 청피망, 홍피망, 비엔나소시지는 굵게 채 썰고, 마늘은 편 썰어요.

2 끓는 물에 소금을 넣고 리카토니를 8분간 삶은 뒤 체에 밭쳐 물기를 빼요.

3 오일을 두른 팬에 마늘을 넣고 약한 불로 볶아 향을 낸 뒤 양파, 청피망, 홍피망, 비엔나소시지를 넣어 볶아요.

4 토마토소스를 붓고 중불로 한소끔 끓인 뒤 리카토니를 넣고 소스가 잘 배도록 뒤적거려요.

5 달걀에 소금을 약간 넣고 곱게 풀어서 4의 가장자리에 둘러 부어 살짝 익혀요.

새우볶음우동

오동통해서 씹는 재미가 있는
우동면에 굴소스를 넣고
볶음우동을 만들어보세요.
맵지 않고 달달해서 자극 없이
맛있게 먹을 수 있어요.

 황금 3단계 레시피

○ **조리시간 20분**

○ **재료**
　우동면 2봉지
　칵테일새우 1줌(약 100g)
　양파 1/4개
　청피망·홍피망 1/4개씩
　오일·통깨 약간씩

○ **양념장**
　굴소스·물엿 1숟가락씩
　참기름 1/2숟가락, 간장 2숟가락

1 양파와 피망은 굵게 채 썰고, 분량의 재료를 섞어 양념장을 만들어요.

2 우동면은 끓는 물에 20초간 데친 뒤 체에 밭쳐 물기를 빼요.

3 오일을 두른 팬에 양파, 청피망, 홍피망, 칵테일새우를 넣고 중불로 볶다가 우동면을 넣고 뒤섞은 뒤 양념장을 부어요. 모든 재료가 잘 섞이도록 재빨리 볶은 뒤 통깨를 뿌려내요.

하트김밥

그냥 먹어도 맛있는 스팸을
김밥 속에! 그것도 하트 모양으로
예쁘게 넣어 보기만 해도
기분 좋아지는 김밥이에요.

 황금 3단계 레시피

○ **조리시간 25분**

○ **재료**
밥 1½공기, 김 3장
치자단무지 50g
스팸(小) 1캔

○ **밥 양념**
참기름 1숟가락
소금 · 통깨 약간씩

1 치자단무지는 곱게 다지고, 김은 이등분해요. 따뜻한 밥에 치자단무지와 밥 양념 재료를 넣고 골고루 버무려요.

2 스팸은 1cm 두께로 슬라이스해 길이 방향으로 4등분하고, 마른 팬에 올려 구운 뒤 2개를 하트 모양으로 잡고 김으로 감싸요.

3 김 위에 밥을 얇게 펴고, 2를 모양대로 잡고 얹은 뒤 오목한 곳에 밥을 채워 돌돌 말아요. 1cm 폭으로 썰어요.

멸치 속 칼슘이 성장기 아이들의 뼈를 튼튼하게 만들어준다는 건 누구나 아는 사실!
간이 잘 밴 멸치조림을 김밥 속에 가득 넣어 돌돌 말아보세요.

멸치김밥

김밥이 자꾸 풀려요.

김 끝 부분이 잘 붙으려면 시간
이 필요해요. 김발을 2개 사용
해보세요. 하나를 싸는 동안 다
른 하나의 김밥은 김발로 말아
두면 더 튼튼하게 고정돼요.

 황금 4단계 레시피

○ **조리시간 20분**

○ **재료**
밥 2공기, 김 3장
잔멸치 1/2컵, 달걀 1개
김밥 단무지 3줄, 오이 1/4개
오일 · 소금 약간

○ **멸치 양념**
올리고당 1숟가락
간장 · 참기름 1/2숟가락씩, 통깨 약간

○ **밥 양념**
참기름 1숟가락, 소금 · 통깨 약간씩

1 멸치는 체에 올려 잔가루를 털고, 마른 팬에 멸치 양념과 함께 넣고 약한 불로 살짝 볶
아요.

2 달걀에 소금을 약간 넣고 곱게 풀어요. 오일을 두른 팬에 붓고 약한 불로 도톰하게
부쳐요.

3 오이는 곱게 채 썰고, 달걀은 1cm 폭으로 길게 썰어요. 따뜻한 밥에 밥 양념을 넣고
골고루 버무려요.

4 김 위에 밥을 얇게 펴고 달걀, 단무지, 오이, 멸치를 올려 돌돌 만 뒤 1cm 폭으로 썰
어요.

참치와 마요네즈의 조합은 늘 옳지요.
다양한 김밥 재료와 함께 넣고 돌돌 말아 주면 한 개, 두 개 잘 집어먹는답니다.

참치김밥

 STEP 1

 STEP 2

 STEP 3

 STEP 4

 황금 4단계 레시피

○ **조리시간 25분**

○ **재료**
　밥 2공기, 김 3장
　참치 통조림(小) 1캔, 달걀 1개
　단무지 3줄, 우엉조림 6줄
　깻잎 3장, 마요네즈 2숟가락
　오일 · 소금 약간씩

○ **밥 양념**
　참기름 1숟가락
　소금 · 통깨 약간씩

1 참치는 체에 올려 기름기를 제거한 뒤 마요네즈와 함께 버무려요.

2 달걀에 소금을 약간 넣고 곱게 풀어 오일을 두른 팬에 약한 불로 도톰하게 부친 뒤 1cm 폭으로 길게 썰어요.

3 깻잎은 반으로 자르고, 따뜻한 밥에 밥 양념을 넣어 골고루 버무려요.

4 김 위에 밥을 얇게 펴고, 깻잎, 달걀, 단무지, 우엉조림, 참치를 올려 돌돌 만 뒤 1cm 폭으로 썰어요.

달걀을 김밥 속이 아닌 겉면에 돌돌 말아주세요. 노란 겉면이 보기에도 예쁘고 맛도 좋아요.
꼬마김밥으로 작게 만들어주면 한 입에 쏙쏙 넣기 편해요.

달걀말이김밥

황금 4단계 레시피

- **조리시간 30분**
- **재료**
  밥 1½공기, 김 3장
  달걀 3개, 스팸(小) 1/2캔
  오일 · 소금 약간씩
- **밥 양념**
  후리가케 2숟가락
  참기름 1숟가락

1 스팸은 1cm 폭으로 슬라이스한 뒤 길이 방향으로 4등분하고 마른 팬에 올려 중불로 살짝 구워요.

2 따뜻한 밥에 밥 양념을 넣고 골고루 버무려요.

3 김 위에 밥을 얇게 펴고 스팸을 올려 돌돌 말아요.

4 달걀에 소금을 넣고 곱게 풀어 오일을 두른 팬에 붓고 얇게 약한 불로 부쳐요. 바닥이 익으면 **3**을 올려 돌돌 말아주고, 한 김 식으면 1cm 폭으로 썰어요.
mom's tip. 달걀의 바닥이 완전히 익기 전, 그러니까 70% 정도 익었을 때 김밥을 올려 말아주어야 예쁘게 잘 말려요.

자잘한 크기의 멸치와 간이 밴 오이를 각각 볶아 한데 섞어서
주먹밥으로 뭉쳐주면 영양가 높은 한 끼가 완성돼요.

잔멸치주먹밥

STEP 1
STEP 2
STEP 3
STEP 4

 황금 4단계 레시피

○ **조리시간 20분**

○ **재료**
　밥 1½공기, 잔멸치 3숟가락
　오이 1/4개, 설탕 1/2숟가락
　참기름 1숟가락
　오일·통깨·소금 약간씩

1 오이는 얇게 썰고 소금을 뿌려 10분간 절인 뒤 물기를 꼭 짜요.

2 잔멸치는 체에 올려 가루를 털어내고 오일을 두른 팬에 올려 약한 불로 볶아요.

3 마른 팬에 절인 오이를 올려 약한 불로 볶다가 설탕과 참기름을 넣고 뒤적여요.

4 볼에 따뜻한 밥, 멸치, 오이, 통깨, 소금을 넣고 골고루 섞은 뒤 한 입 크기로 주먹밥을 만들어요.

소풍가는 날이면 도시락에 빠지지 않고 넣는 유부초밥!
날치알과 쪽파, 달걀 스크램블을 촘촘하게 올려주면 맛도 배가 되고 보기에도 예뻐요.

삼색유부초밥

STEP 1

STEP 2

날치알은 그대로 사용해 도 되나요?

냉동으로 판매되는 날치알은 해동 뒤 체반에 담아 가볍게 흐르는 물로 씻어주세요. 물기를 확실히 제거한 뒤에 요리에 사용하면 돼요.

STEP 3

STEP 4

 황금 4단계 레시피

○ **조리시간 25분**

○ **재료**
밥 1½공기, 조미유부 15장
날치알 5숟가락, 달걀 1개
실파 3줄기
오일 · 소금 약간씩
초밥 촛물 3숟가락
후리가케 2숟가락

1 실파는 송송 썰고, 조미유부는 물기를 꼭 짜요.

2 달걀에 소금을 약간 넣고 풀어서 오일을 두른 팬에 부어 약한 불로 스크램블한 뒤 곱게 다져요.

3 따뜻한 밥에 초밥 촛물과 후리가케를 넣고 골고루 섞어요.

4 유부 속에 밥을 넣고 위에 날치알과 스크램블을 얹은 뒤 실파를 뿌려요.

광장시장에 가면 꼭 찾아먹는 마약김밥! 아이도 먹을 수 있게 순한 소스를 곁들여 봤어요.
그리고 소스에 생와사비를 약간 넣어주면 입맛이 확 살아나는 어른 김밥까지 한 번에 완성!

마약김밥

 황금 5단계 레시피

○ **조리시간 30분**

○ **재료**
밥 1½공기, 김 3장
치자단무지(통) 100g, 시금치 1/4단
당근 1/4개, 오일·소금 약간씩

○ **시금치 양념**
참기름 1숟가락, 소금·통깨 약간씩

○ **밥 양념**
참기름 1숟가락, 소금·통깨 약간씩

○ **소스**
간장·물 1숟가락씩
식초·설탕 1/2숟가락씩

1 시금치는 누런 잎을 떼어내고 뿌리 부분을 잘라 소금을 넣은 끓는 물에 데친 뒤 시금치 양념을 넣고 버무려요.

2 치자단무지와 당근은 곱게 채 썰고, 김은 4등분해요.

3 오일을 두른 팬에 당근을 넣고 소금을 약간 뿌려 약한 불로 볶아요.

4 따뜻한 밥에 밥 양념을 넣고 골고루 버무려요.

5 김 위에 밥을 얇게 펴고 시금치, 단무지, 당근을 올려 돌돌 말아요. 분량의 소스 재료를 섞어 곁들여내요.

늘 똑같은 김밥이 지겨울 때면 무스비 어떤가요? 김밥보다 재료도 적게 들어가는데 모양도 예쁘고 맛도 있어요.
안에 재료만 바꿔줘도 색다른 느낌의 무스비를 만들 수 있으니 자유롭게 응용해보세요.

스팸무스비

 황금 5단계 레시피

○ **조리시간 30분**

○ **재료**
밥 1½공기, 스팸(小) 1캔
달걀 2개, 깻잎 8장
김 2장, 소금 약간

○ **밥 양념**
참기름 1숟가락
소금 · 통깨 약간씩

1 달걀에 소금을 약간 넣고 풀어서 오일을 두른 팬에 붓고 두툼하게 부쳐요.

2 김과 깻잎은 반으로 자르고, 스팸은 0.7cm 두께로 슬라이스해요.

3 따뜻한 밥에 밥 양념을 넣고 골고루 섞어요. 스팸은 마른 팬에 중불로 살짝 굽고, 달걀은 틀(스팸 캔) 크기에 맞춰 잘라요.

4 틀에 비닐랩을 깔고 밥, 달걀지단, 깻잎, 스팸, 달걀지단, 밥 순서로 담은 뒤 윗면을 꾹꾹 눌러요.
mom's tip. 틀에 넣고 바로 빼내면 모양이 흐트러질 수 있어요. 약 5분간 두었다가 밥과 재료들이 좀 더 밀착된 뒤에 꺼내주세요.

5 틀에서 밥을 빼낸 뒤 비닐랩을 제거하고, 김으로 겉면을 돌돌 말아 1cm 폭으로 썰어요.

햄 속에 김치가 숨어있어요.
한 입에 쏙쏙 들어가 아이도 모르게 오늘 하루 먹어야 할 김치 양 완료!

햄말이밥

STEP 1
STEP 2
STEP 3
STEP 4

 황금 4단계 레시피

○ **조리시간 25분**

○ **재료**
밥 1공기
김치 4줄기, 양파 1/3개
슬라이스햄 10장
오일·소금 약간씩

1 김치는 흐르는 물에 가볍게 헹궈 매운기를 제거한 뒤 곱게 다지고, 양파는 굵게 다져요.

2 슬라이스햄은 반으로 자르고 마른 팬에 올려 약불에서 앞뒤로 살짝 구워요.

3 오일을 두른 팬에 양파와 김치를 올려 중불로 볶다가 양파가 투명해지면 밥을 넣고 함께 볶아요. 부족한 간은 소금으로 해요.

4 3을 타원형으로 빚어 슬라이스햄 위에 올리고 돌돌 감싸요.

아픈 아이 낫게 하는
황금 보양식

정말 쉴 새 없이 자주 아픈 아이들. 감기, 독감, 중이염, 장염, 배탈 등 다양한 병치레를 하고 나면
아이는 잘 먹지 못해요. 아플 때 먹이면 좋은 요리와 몸을 튼튼하게 만들어줄 든든한 보양식을 소개합니다.

 배꿀물

감기 예방
해열

○ 1~2인분   ○ 조리 시간 30분

○ **재료** 배 1개, 콩나물 1줌, 대추 2개, 꿀 3숟가락

1 배는 윗면을 평평하게 잘라낸 뒤 가장자리를 1cm 정도 남기고 숟가락으로 속을 파
  내요. 대추는 씨를 도려내고, 콩나물은 머리와 뿌리를 다듬어요.

2 배 속에 콩나물과 대추, 꿀을 넣어요.

3 약한 불에서 중탕으로 20분간 익혀 배 안에 물이 생기도록 해요.

 먹는 방법이 있나요?

배 안에 고인 물로 목을 적시듯 홀짝이며 조금씩 마
셔요. 감기 예방에 탁월하답니다. 물론 속에 든 콩나
물과 대추를 같이 먹으면 더 좋고요.

감기 예방
해열

○ 2~3인분   ○ 조리 시간 30분

○ **재료** 알밤 10개, 불린 쌀 1컵, 참기름 1숟가락, 물 적당량, 소금 약간

1 알밤은 물에 넣어 삶은 뒤 곱게 으깨요.

2 두툼한 냄비에 참기름을 두르고 불린 쌀을 넣어 약한 불로 볶아요.

3 쌀이 투명해지기 시작하면 물을 조금 넣고 눌러 붙지 않게 볶다가 물을 좀 더 붓고
  중간 중간 젓기를 반복하며 걸쭉한 정도의 농도가 날 때까지 중불로 끓여요.

4 으깬 밤은 체에 내려 3에 넣고 가볍게 섞은 뒤 소금으로 살짝 간해요.

설사 & 구토

🍲 찹쌀닭죽

ㅇ 2~3인분 ㅇ 조리 시간 30분

ㅇ **재료** 닭다리 3개, 불린 찹쌀 1컵, 황기 1뿌리, 대파(길이 10cm) 1대, 양파 1/2개, 당근·애
호박 1/4개씩, 표고버섯 2개, 마늘 3톨, 대추 3개, 참기름 1숟가락, 물 4컵, 소금 약간

1 냄비에 닭다리, 황기, 양파, 대파, 마늘, 대추를 넣고 물 4컵을 부어 센 불로 끓여요.
국물이 끓으면 약한 불로 줄여서 10분간 더 끓여요.

2 닭다리가 익으면 닭다리와 그 외 건더기를 다 건져내고 국물은 체에 한 번 걸러둬
요. 닭다리는 뼈를 발라내고 껍질과 살을 손으로 작게 찢어요.

3 당근, 애호박, 표고버섯은 곱게 다져요.

4 냄비에 불린 찹쌀을 넣고 닭육수(2)를 조금씩 부어가며 중불로 끓여요. 눌러 붙지
않게 중간중간 저어주고요.

5 찹쌀이 부드럽게 푹 퍼지면 당근, 애호박, 표고버섯을 넣고 끓이다가 참기름과 소금
으로 간해요.

생강라테

1

2

3

○ 2인분   ○ 조리 시간 10분

○ **재료** 우유 2컵, 생강청 4숟가락, 마시멜로 2개

1 잔에 생강청을 담아요.

2 우유 1컵을 각각 붓고 전자레인지에 1분 30초 정도 데워요.

3 미니 거품기로 거품을 낸 뒤 마시멜로를 1개씩 얹어요.

생강청 건더기는 제거하고 줘야 하나요?

네. 어른은 상관없지만 아이에게 줄 생강라테는 건더기를 걸러낸 뒤에 사용해주세요. 그래야 아이들이 거부감 없이 잘 먹을 수 있어요.

미역솥밥

○ 2~3인분   ○ 조리 시간 30분

○ **재료** 불린 쌀 1½컵, 새우살 1줌(약 100g), 불린 미역 2/3컵(약 50g), 들기름 · 맛술 1숟가락씩, 다진 마늘 · 간장 1/3숟가락씩, 물 적당량

1 새우살은 흐르는 물에 깨끗이 씻어 물기를 제거하고, 미역은 물에 불렸다가 물기를 제거한 뒤 작게 썰어요.

2 두툼한 솥에 들기름을 두른 뒤 미역과 새우살, 간장, 맛술, 다진 마늘을 넣고 약한 불로 볶아요.

3 불린 쌀을 넣고 함께 볶다가 익기 시작하면 물을 자작하게 붓고 중불에서 10분간 끓여요.

4 밥물이 끓으면 약한 불로 줄여 뚜껑을 닫고 10분, 불을 끄고 8분간 뜸을 들여요.

★ 엄마 · 아빠 요리 ★

간장 2숟가락, 맛술 · 고춧가루 · 다진 청양고추 · 물 1숟가락씩, 참기름 약간을 섞어 양념장을 넣고 비벼 먹어요.

🍳 고구마그라탕

변비 완화

ㅇ **2~3인분**   ㅇ **조리 시간 30분**

ㅇ **재료** 고구마 2개, 양송이버섯 3개, 옥수수(통조림) 3숟가락, 양파 1/4개, 브로콜리 1/6개, 우유 1컵, 생크림 1/2컵, 피자치즈 1/2컵, 파마산치즈가루 1숟가락, 오일 · 소금 · 후춧가루 약간씩

1 고구마는 껍질째 삶아 듬성듬성 자르고, 양파는 채 썰고, 양송이버섯은 편 썰어요. 브로콜리는 송이송이 떼요.

2 오일을 두른 팬에 양파를 중불로 볶다가 브로콜리, 양송이버섯 순으로 넣고 함께 볶아요.

3 우유와 생크림을 붓고 한소끔 끓인 뒤 파마산치즈가루, 소금, 후춧가루로 간해요.

4 그라탕 용기에 고구마, 3과 옥수수를 순서대로 담고, 피자치즈를 듬뿍 얹어 180℃의 오븐에서 15분간 구워요.

🙋 오븐이 없으면 어떻게 하죠?

네. 오븐이 없으면 전자레인지로도 가능해요. 그라탕 용기를 넣고 2~3분간 돌려주세요.

면역력 강화

🍳 소고기브로콜리죽

○ 2~3인분　　○ 조리 시간 30분

○ **재료** 불린 쌀 1컵, 소고기(다짐육) 100g, 브로콜리 1/6개, 참기름 1숟가락, 물 적당량, 소금 약간

○ **양념** 간장 1숟가락, 설탕·참기름 1/2숟가락씩, 소금·후춧가루 약간씩

1 브로콜리는 작게 송이송이 떼고, 소고기는 양념 재료와 함께 버무려요.

2 두툼한 냄비에 참기름을 두르고 불린 쌀을 넣어 약한 불로 볶다가 쌀이 익기 시작하면 브로콜리를 넣고 함께 볶아요.

3 물을 조금씩 넣어가며 눌러 붙지 않게 볶다가 쌀이 퍼지기 시작하면 물을 자작하게 붓고 중간 중간 저어가며 중불로 농도를 내 끓여요.

4 마른 팬에 소고기를 볶은 뒤 3에 얹어내요.
　mom's tip. 소고기를 처음부터 죽에 넣지 않고 따로 볶아주면 훨씬 깔끔한 맛이 나요.

★ 엄마 · 아빠 요리 ★
소고기를 볶을 때 두반장을 1/2숟가락 넣고 볶아요.
얼큰한 맛의 죽이 돼요.

1

2

3

4

변비 완화

블루베리바나나스무디

○ **2인분**   ○ **조리 시간 10분**

○ **재료** 얼린 블루베리 1/2컵, 얼린 바나나 1/2개, 우유 1컵, 요거트 1/2컵, 꿀 적당량

1 믹서기에 블루베리, 바나나, 우유를 넣고 갈아요.

2 요거트를 붓고 섞어요.

3 꿀을 넣어 단맛을 조절해요.

블루베리와 바나나를 얼리는 이유는 뭐죠?

시원하게 마시려면 얼음이 따로 필요해요. 하지만 처음부터 얼린 블루베리와 바나나를 사용하면 얼음이 따로 필요 없어요.

GOLD RECIPE

아이 입맛 단번에 사로잡는 **맛있는 간식**

한창 성장할 시기, 활동량이 많은 아이들은 늘 배가 고파요.
끼니 외에 간식도 꼬박꼬박 챙겨줘야 하죠. 뭐 색다른 것을 만들어 줄 수 없을까 고민하는 엄마들을 위해
맛도 영양도 듬뿍 담은 엄마표 특제 간식들을 모아봤어요. 아이디어가 담긴 특별한 간식으로
시도 때도 없이 찾아오는 아이들의 허기와 영양을 든든하게 채워주세요.

※ 만들기 쉬운 분량입니다.

입에서 사르르 녹는 단호박과 쭉쭉 늘어지는 치즈의 조합이라니!
단호박을 오븐에 구우면 달콤함이 배가 돼요. 그 어떤 군것질거리보다 맛도 영양도 가득하답니다.

단호박치즈구이

STEP 1
STEP 2
STEP 3
STEP 4

 황금 4단계 레시피

○ **조리시간 30분**

○ **재료**
미니 단호박 1개
모차렐라치즈 1컵
빵가루 1/3컵, 버터 2숟가락
오일·소금 약간씩

1 단호박은 반 갈라 속과 씨를 제거한 뒤 껍질째 얇게 썰고, 오일을 두른 팬에 올려 약한 불로 노릇하게 구워요. 소금도 약간 뿌려요.

2 볼에 빵가루와 버터를 넣고 골고루 섞어요.
mom's tip. 잘 안 섞이면 버터를 전자레인지에 살짝 녹인 뒤 섞거나 액상 버터를 써도 돼요.

3 단호박 사이사이 **2**를 뿌려가며 오븐용기 안에 차곡차곡 담아요.

4 모차렐라치즈를 듬뿍 올린 뒤 200℃로 예열한 오븐에서 10분간 구워요.

알감자버터구이

어릴 적 부모님과 함께 시골에
가던 길, 휴게소에 들르면
꼭 사먹곤 했던 추억의 알감자구이!
아이와 함께 먹으며
그때의 추억을 떠올려 봐요.

 STEP 1

 STEP 2

 STEP 3

황금 3단계 레시피

○ **조리시간 20분**

○ **재료**
  알감자 20개, 버터 2숟가락
  소금·설탕 약간씩

1 알감자는 껍질째 깨끗이 문질러 씻은 뒤 냄비에 넣고 감자가 잠기도록 물을 부어 삶아요.

2 팬에 버터를 덜어 녹이고, 삶은 감자를 넣어 버터가 골고루 묻게끔 굴려가며 중불로 노릇하게 구워요.

3 소금과 설탕을 뿌려요.

옥수수버터구이

재료도 간단하고 만드는 법도
간단해 집에서 해먹기 좋아요.
버터랑 옥수수만 있으면 준비 끝!
중독성이 강해
계속 집어먹게 된답니다.

 STEP 1

 STEP 2

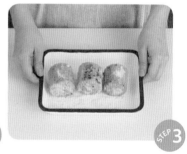 STEP 3

 황금 3단계 레시피

○ **조리시간 25분**

○ **재료**
　삶은 옥수수 2개
　파마산치즈가루 3숟가락
　버터 3숟가락
　파슬리가루 · 오일 · 소금 약간씩

1 볼에 버터와 오일을 넣고 전자레인지로 데워 버터가 녹으면 섞은 뒤 3등분 한 옥수
수에 골고루 발라요.

2 볼에 파마산치즈가루와 파슬리가루를 넣어 섞은 뒤 옥수수 겉면에 골고루 묻혀요.

3 200℃로 예열한 오븐에서 10분간 구워요.

떡볶이떡을 도톰하게 잘라 크리미한 소스에 퐁당!
채소랑 버섯도 듬성듬성 잘라 넣어주면 한 메뉴 안에 다양한 식감을 담을 수 있어요.

까르보떡볶이

STEP 1 STEP 2 STEP 3 STEP 4

 황금 4단계 레시피

○ **조리시간 30분**

○ **재료**
떡볶이떡 200g
양송이버섯 2개
브로콜리 1/6개, 베이컨 3장
생크림 1컵, 간장 1숟가락
파마산치즈가루 1숟가락
오일 · 소금 · 후춧가루 약간씩

1 베이컨은 2cm 폭으로 썰고, 브로콜리는 송이송이 떼고, 양송이버섯은 4등분해요.

2 오일을 두른 팬에 베이컨, 양송이버섯, 브로콜리를 넣고 약한 불로 볶다가 간장을 붓고 양념이 골고루 배도록 뒤적거려요.

3 생크림을 붓고 한소끔 끓인 뒤 떡볶이떡을 넣고 한소끔 더 끓여요.

4 소금, 후춧가루로 나머지 간을 하고, 파마산치즈가루를 뿌려요.

조랭이꿀볶이

작고 귀여운 조랭이떡으로
떡볶이를 만들어요.
간장 양념에 버무리고 꿀을 솔솔
뿌려 먹으면 빨간 떡볶이보다 더
매력적인 맛이 나요.

 황금 3단계 레시피

○ **조리시간 15분**

○ **재료**
　조랭이떡 200g, 꿀 적당량

○ **양념**
　간장 2숟가락, 꿀 1숟가락
　참기름 1/2숟가락

1 조랭이떡은 끓는 물에 살짝 데쳐요.

2 볼에 조랭이떡, 양념 재료를 모두 넣고 골고루 버무려요.

3 달군 팬에 **2**를 약한 불로 살짝 볶은 뒤 꿀을 뿌려요.

고구마맛탕

겉은 바삭, 속은 부드러워
아이들 입에 잘 맞아요.
껍질째 조리하면 영양가가 더
높아지니 참고하세요.

STEP 1

STEP 2

STEP 3

 황금 3단계 레시피

○ **조리시간 25분**

○ **재료**
　고구마 2개
　떡볶이떡 1줌(약 100g)
　튀김용 오일 적당량
　검은깨 약간

○ **시럽**
　물·설탕 1/2컵씩, 간장 1숟가락

1　고구마는 껍질째 깨끗이 문질러 씻은 뒤 한 입 크기로 듬성듬성 잘라요.

2　180℃로 예열한 튀김용 오일에 고구마와 떡을 넣고 노릇하게 튀겨요.
　mom's tip. 고구마를 젓가락으로 찔러 푹 들어가면 바로 건져내요.

3　냄비에 시럽 재료를 모두 넣고 한소끔 끓여요. 튀긴 고구마와 떡을 넣고 버무린 뒤
　검은깨를 뿌려요.

새콤상콤한 베리와 달달한 팬케이크가 어찌나 찰떡궁합인지!
핫케이크를 작게 여러 장 만들어서 겹친 뒤 슈거파우더만 솔솔 뿌려줘도 예쁜 비주얼이 탄생한답니다.

베리베리팬케이크

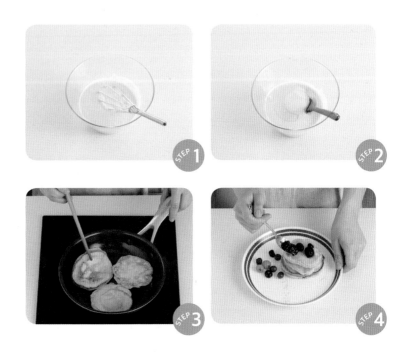

 황금 4단계 레시피

○ **조리시간 25분**

○ **재료**
  핫케이크가루(시판용) 2컵
  우유 1컵, 버터 2숟가락
  베리류 1/2컵
  메이플시럽 적당량
  오일·슈거파우더 약간씩

1 볼에 핫케이크가루와 우유를 넣고 거품기로 풀어요.

2 버터는 전자레인지에 30초 정도 돌려 녹인 뒤 1에 붓고 섞어 반죽을 만들어요.

3 오일을 두른 팬에 반죽을 직경 5cm 크기로 부어 약한 불로 노릇하게 구워요.

4 접시에 핫케이크를 겹쳐 담은 뒤 베리류를 얹고 메이플시럽과 슈거파우더를 취향 껏 뿌려요.

맥앤치즈

미국 가정식의 대표주자, 일명
미국인들의 소울푸드라 불리는
메뉴죠. 꾸덕꾸덕하면서 눅진한
치즈의 풍미가 일품이에요.

황금 3단계 레시피

○ **조리시간 30분**

○ **재료**
마카로니 2줌(약 120g)
베이컨 3장, 우유 1컵
생크림 1/2컵, 체다치즈 4장
파슬리가루·오일·소금·후춧가루
약간씩

1 베이컨은 1cm 폭으로 자르고, 마카로니는 소금을 약간 넣고 끓인 물에 담가 7분간 삶
아요.

2 냄비에 오일을 두르고 마카로니와 베이컨을 약한 불로 볶아요.

3 우유, 생크림, 체다치즈를 넣고 중불로 잘 섞어가며 끓여요. 소금, 후춧가루로 간한
뒤 파슬리가루를 뿌려요.

소떡소떡

전국 휴게소를 휩쓸었던 소떡소떡!
떡이랑 소시지만 있으면
집에서도 쉽게 만들 수 있어요.
살짝 구워 설탕만 뿌려도 맛있답니다.

 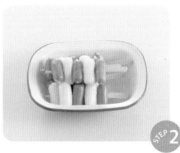 

 황금 3단계 레시피

○ **조리시간 20분**

○ **재료**
　비엔나소시지 12개
　떡볶이떡 12개
　실파 3줄기
　오일 약간

○ **양념장**
　고추장 1/2숟가락
　케첩 2숟가락, 올리고당 1숟가락

1　비엔나소시지에 칼집을 넣고, 실파는 송송 썰어요. 분량의 재료를 섞어 양념장을 만들어요.

2　떡볶이떡과 비엔나소시지를 꼬치에 번갈아 꽂아요.

3　오일을 두른 팬에 **2**를 올려 중불로 노릇하게 굽고 양념장을 골고루 바른 뒤 한 번 더 구워요. 실파를 송송 뿌려내요.

인절미피자

인절미로도 피자를 만들 수
있다는 사실! 인절미를 불에 살짝
녹이고 그 위에 치즈를 듬뿍 얹어
녹이면 피자보다 더 맛있어져요.

 황금 3단계 레시피

○ **조리시간 20분**

○ **재료**
인절미 8개, 모차렐라치즈 1/2컵
아몬드 슬라이스·대추
크랜베리·잣 적당량
오일·파마산치즈가루·파슬리가루
약간씩

1 오일을 두른 팬에 인절미를 얹고 약한 불로 구워요. 사르르 녹아 넓게 퍼질 때까지요.
   mom's tip. 인절미에 붙은 고물을 털어낸 뒤 구워야 잘 타지 않아요.

2 불을 끈 뒤 모차렐라치즈를 듬뿍 얹고 뚜껑을 덮어 잠시 녹여요.

3 아몬드슬라이스, 대추, 크랜베리, 잣을 얹고, 파마산치즈가루와 파슬리가루를 뿌려요.

게맛살
크루아상샌드

이 샌드위치는 맛살을 길고
잘게 찢을수록 식감이 더 살아나
맛있답니다. 촉촉하고 고소하게
만들어보세요.

STEP 1

STEP 2

STEP 3

 황금 3단계 레시피

○ **조리시간 20분**

○ **재료**
　미니 크루아상 6개
　슬라이스 햄 6장, 게맛살 6개
　로메인 6장, 마요네즈 적당량

1 게맛살은 결대로 곱게 찢어요.

2 볼에 게맛살과 마요네즈를 넣고 골고루 버무려요.

3 크루아상을 반 갈라 그 사이에 로메인, 슬라이스 햄, **2**를 넣어요.

작고 통통한 모닝빵을 갈라 그 안에 각종 채소와 달걀, 감자 등을 다져 넣으면 샌드위치가 뚝딱!
어떤 재료를 넣든지 상관없어요. 아이들 간식으로 간편하게 준비할 수 있답니다.

모닝빵에그샌드

 황금 4단계 레시피

○ **조리시간 30분**

○ **재료**
모닝빵 6개, 감자 1개
삶은 달걀 1개, 양파 1/4개
당근 1/6개, 소금 약간
마요네즈 적당량

1 감자는 소금을 넣은 끓는 물에 삶아 곱게 으깨요.

2 양파와 당근은 곱게 다지고, 달걀은 듬성듬성 잘라요.

3 볼에 감자, 달걀, 양파, 당근, 마요네즈를 넣고 버무려요.

4 모닝빵을 반 갈라 그 사이에 **3**을 넣어요.

아이가 집에 와 급하게 먹을 것을 찾으면 빠르게 만들 수 있는 게 없나 고민해요.
그때마다 집에 늘 있는 재료로 만들 수 있는 당근스크램블샌드위치를 선택하죠. 실망시키는 일이 없어요.

당근스크램블샌드

 황금 4단계 레시피

○ **조리시간 25분**

○ **재료**
모닝빵 6개, 달걀 2개
당근 1/2개, 우유 3숟가락
마요네즈·케첩 적당량씩
오일·소금·후춧가루 약간씩

1 달걀을 곱게 풀어 우유, 소금, 후춧가루를 넣고 섞어주고, 당근은 곱게 다져요.

2 달걀에 당근을 넣고 골고루 섞어요. 오일을 두른 달군 팬에 부어 젓가락으로 저으면서 약한 불로 스크램블하듯이 볶아요.

3 모닝빵은 반 가르고 한쪽 면에 마요네즈를 얇게 펴 발라요.

4 그 사이에 완성된 스크램블을 듬뿍 넣고 케첩을 취향대로 뿌려요.

프랑스 샌드위치인 '크로크무슈'에서 유래된 샌드위치예요. 단짠단짠의 결정체라고나 할까요?
남녀노소 가릴 것 없이 모든 사람 입맛에 찰떡이랍니다.

몬테크리스토

 황금 4단계 레시피

○ **조리시간 40분**

○ **재료**
식빵 4장, 슬라이스 햄 2장
슬라이스 체다치즈 2장
딸기쨈 2숟가락, 빵가루 1컵
튀김용 오일 적당량

○ **달걀물**
달걀 2개, 우유 1/4컵
설탕 1/2숟가락, 소금 약간

1 식빵은 전부 테두리를 자르고, 2장에만 한 면에 딸기쨈을 펴 발라요. 식빵(쨈 안 바른), 슬라이스 햄, 슬라이스 체다치즈 순서로 쌓고 쨈 바른 식빵으로 덮어요.

2 분량의 재료를 섞어 달걀물을 만들어요.

3 1에 달걀물, 빵가루 순으로 옷을 입히고 180℃로 달군 튀김용 오일에 넣어 바삭하게 튀겨요.

4 한 김 식으면 2등분해요.

자극적인 맛이 없어 담백하게 먹기 좋은 식빵피자예요.
치즈 속에 채소를 숨겨 채소 싫어하는 아이들도 거부감 없이 잘 먹을 수 있답니다.

채소식빵피자

**꼭 오븐만
사용해야 하나요?**

전자레인지로 2~3분 돌려 피자
치즈를 녹여도 좋아요.

 황금 4단계 레시피

○ **조리시간 25분**

○ **재료**

식빵 2장, 브로콜리 1/6개
옥수수(통조림) 1/2컵
양파 1/4개, 마요네즈 3숟가락
모차렐라치즈 1컵
파슬리가루·오일·소금 약간씩

1 양파와 브로콜리를 굵게 다지고, 옥수수는 체에 올려 물기를 제거해요. 오일을 두른
팬에 양파와 브로콜리를 넣고 소금으로 간하며 약한 불로 살짝 볶아요.

2 식빵 가장자리에 마요네즈를 짜서 테두리를 만들어요.

3 식빵 중앙에 볶은 양파와 브로콜리, 옥수수를 넓게 펴 올리고, 모차렐라치즈를 듬뿍
올려요.

4 180℃로 예열한 오븐에서 5분간 구운 뒤 파슬리가루를 뿌려내요.

메추리알은 양질의 단백질 식재료예요. 간식으로 활용하기에 너무나 좋죠.
오븐에 충분히 구워서 바삭해진 식빵과 함께 푹 떠 먹으면 정말 맛있답니다.

메추리알식빵

STEP 1

STEP 2

STEP 3

STEP 4

 황금 4단계 레시피

- **조리시간 30분**

- **재료**
  식빵 6장, 메추리알 6개
  베이컨 6장, 버터 적당량
  파슬리가루 · 소금 약간씩

1 식빵 가장자리를 잘라내고 밀대로 밀어 얇게 만들어요.

2 버터를 전자레인지에 30초간 돌려 녹인 뒤 오븐용 작은 용기 안쪽에 골고루 묻혀요.

3 용기에 식빵을 깔고 베이컨을 가장자리에 두른 뒤 가운데에 메추리알을 깨 넣어요.

4 파슬리가루와 소금을 뿌리고, 200℃로 예열한 오븐에서 10분, 180℃로 내려 5분간 구워요.

엄마·아빠의 술안주로도 으뜸인 김치콘치즈! 치즈 먹는 재미와
톡톡 터지는 옥수수 알갱이 때문에 자꾸만 손이 가는 간식이랍니다.

김치콘치즈

 황금 4단계 레시피

- **조리시간 15분**

- **재료**
  옥수수(통조림) 1컵
  김치 3줄기, 양파 1/4개
  맛살 2개

- **양념장**
  우유 3숟가락
  모차렐라치즈 1/2컵
  마요네즈 1숟가락

1 분량의 재료를 섞어 양념장을 만들고, 옥수수 알갱이는 체에 밭쳐 물기를 빼요.

2 양파와 게맛살은 굵게 다지고, 김치는 물에 헹궈 물기를 뺀 뒤 굵게 다져요.

3 볼에 옥수수, 김치, 양파, 맛살을 넣고 섞어요.

4 팬에 3을 펴 올리고, 양념장을 부은 뒤 약한 불로 치즈가 녹을 때까지만 가열해요.

물만두도 튀겨먹으면 훨씬 더 맛있다는 사실 아세요? 만두피가 얇고 부드러워 바삭하게 튀겨지거든요.
속은 촉촉하게 유지되고요. 새콤한 양념에 붓거나 찍어 드세요.

물만두튀김

STEP 1 STEP 2 STEP 3 STEP 4

 황금 4단계 레시피

○ **조리시간 20분**

○ **재료**
  물만두 20개
  미니 파프리카 2개
  양파 1/3개, 물전분 1숟가락
  튀김용 오일 적당량
  오일 약간

○ **양념**
  식초 3숟가락
  설탕 2숟가락, 물 1/2컵

1 파프리카와 양파는 굵게 다져요.

2 180도로 달군 튀김용 오일에 물만두를 바삭하게 튀겨요.

3 오일을 두른 팬에 파프리카와 양파를 넣고 약한 불로 살짝 볶다가 양념 재료를 넣고 뒤적이며 한소끔 끓여요. 물전분을 둘러 넣어 국물을 걸쭉하게 만들어요.

4 튀긴 만두 위에 **3**을 얹어요.

별두부튀김

두부를 간식으로도
먹을 수 있어요. 집에 있는
베이킹용 틀을 활용해보세요.
작게 토막 낸 두부를 튀겨내면
속은 부드럽고 겉은 바삭거리는
간식용 두부튀김이 된답니다.

STEP 1

STEP 2

STEP 3

황금 3단계 레시피

○ **조리시간 15분**

○ **재료**
두부 1모, 쌀가루 1/2컵
튀김용 오일 적당량
설탕·소금 약간씩

1 두부는 1cm 폭으로 슬라이스하고 소금을 약간 뿌린 뒤 키친타월에 올려 물기를 빼
   요. 별 모양 틀로 모양을 찍어내요.
   mom's tip. 자투리 두부는 으깨서 동그랑땡을 만들어보세요.

2 두부에 쌀가루를 골고루 묻히고 180℃로 달군 튀김용 오일에 담가 노릇하게 튀겨요.

3 설탕을 살짝 뿌려요.

단호박두유

추운 겨울날 간식으로 이만한 것이
없어요. 달콤하고 부드러워 속이
부대끼는 날 식사대용으로도
종종 내주곤 해요.

STEP 1

STEP 2

STEP 3

 황금 3단계 레시피

○ **조리시간 10분**

○ **재료**
미니 단호박 1/2개
두유 1½컵, 연유 2숟가락

1 단호박은 껍질과 씨를 제거한 뒤 듬성듬성 잘라 전자레인지에 5~6분간 돌려 익혀요.

2 믹서기에 단호박, 두유, 연유를 넣고 곱게 갈아요.

3 냄비에 옮겨 담고 계속 저어가며 약한 불로 데워요.

두유는 성장기 아이에게 꼭 필요한 칼슘, 단백질 등의 성분이 가득해 하루 한 잔씩 챙겨 마시면 좋아요.
활발히 뛰어노는 아이들의 체력도 빠르게 회복시켜준답니다.

버섯두유수프

 황금 4단계 레시피

○ **조리시간 25분**

○ **재료**
  양송이버섯 8개
  양파 1/4개, 생크림 1/2컵
  두유 1½컵
  파마산치즈가루 2숟가락
  마늘 2톨
  오일·소금·후춧가루 약간씩

1 양파와 마늘은 곱게 다지고, 양송이버섯은 편 썰어요.

2 오일을 두른 냄비에 양파와 마늘을 약한 불로 볶아 향을 내요. 양송이버섯을 넣고 부드러워질 때까지 볶아요.

3 생크림과 두유를 붓고 중불로 끓여요.

4 믹서기로 옮겨 담아 곱게 갈아주고 다시 냄비에 부어 데워요. 파마산치즈가루, 소금, 후춧가루로 간해요.

딸기바나나
스무디

새빨간 딸기에는 다량의 비타민C가
들어있어 감기 예방은 물론이고
우리 몸의 면역력을 높여준다고 해요.
아이에게 음료 대신 꼭 챙겨주세요.

 황금 1단계 레시피

○ **조리시간 10분**

○ **재료**
  딸기 5개, 바나나 1개
  요거트 1컵, 우유 1/2컵
  얼음 5개

1 믹서기에 모든 재료를 넣고 곱게 갈아요.

유자스무디

기관지가 약한 아이라면
감기 예방에도 좋고 잔기침과 가래를
없애는 데도 효과적인 유자를
갈아주세요. 바닐라 아이스크림과
함께 갈아주면 신맛도 중화되고
달콤해져요.

 황금 1단계 레시피

○ **조리시간 10분**

○ **재료**
유자청 5숟가락
바닐라 아이스크림 3스쿱
우유 1½컵, 얼음 3개

1 믹서기에 모든 재료를 넣고 곱게 갈아요.

STEP **1**

청포도에이드

청포도에는 비타민은 물론이고
피를 맑게 해주는 성분이 들어있어요.
자주자주 마시면 좋겠죠?
레모네이드 파우더를 소량 섞어
새콤하고 시원하게 드셔보세요.

 황금 3단계 레시피

○ **조리시간 10분**

○ **재료**
   청포도 6알
   청포도시럽 2숟가락
   레모네이드 파우더 2숟가락
   따뜻한 물 1/2컵
   스프라이트 2컵, 얼음 10개

1 따뜻한 물에 레모네이드 파우더를 넣어 녹여요.

2 청포도를 얇게 슬라이스해요.

3 잔에 1, 얼음, 청포도, 청포도시럽, 탄산수 순서로 부어요.

크림레모네이드

레모네이드에 부드러운 생크림
거품을 섞으면 신맛이 중화되어
아이 입에 딱 맞는 음료가 돼요.
더운 여름과 잘 어울리는 음료죠?

 황금 3단계 레시피

○ **조리시간 10분**

○ **재료**
　레모네이드 파우더 2숟가락
　따뜻한 물 1/2컵
　스프라이트 2컵, 얼음 10개
　생크림 1/2컵, 설탕시럽 2숟가락

1　따뜻한 물에 레모네이드 파우더를 넣어 녹여요.

2　생크림에 설탕시럽을 넣고 저어서 거품을 내요.

3　잔에 **1**, 얼음, 탄산수, **2** 순서로 부어요.

망고슬러시

망고를 듬뿍 넣고 갈아 마시면
갈증이 싹 사라지는 느낌!
밖에서 신나게 뛰고 돌아온
아이에게 주면 벌컥벌컥 맛있게
잘 먹어요.

황금 2단계 레시피

○ **조리시간 10분**

○ **재료**
망고 1/2개(약 100g)
오렌지주스 1½컵
얼음 5개

1 망고는 껍질과 씨를 제거하고 듬성듬성 잘라요.

2 믹서기에 모든 재료를 넣고 곱게 갈아요.

바나나호두라테

아몬드를 듬뿍 넣어 고소한 맛이
강해요. 영양가도 높고 속을
편안하게 해줘 밥을 자주 거르는
아이에게 챙겨먹이곤 합니다.

![황금 2단계 레시피]
황금 2단계 레시피

○ **조리시간 10분**

○ **재료**
바나나 1개, 아몬드우유 2컵
꿀 1숟가락, 아몬드 10개
아몬드 슬라이스 1숟가락

1 믹서기에 바나나, 아몬드우유, 아몬드를 넣고 곱게 갈아요.

2 전자레인지로 따뜻하게 데운 뒤 꿀과 아몬드 슬라이스를 뿌려요.

SPECIAL PAGE

따라만 하면 되는 식판 세트

황금 밥상 식단표 20

책 속에 많은 반찬과 요리가 소개되어 있지만 대체 오늘 당장 뭘 해먹이면 좋을지,
어떤 반찬을 조합해 밥상을 차리는 것이 맞는지 어렵기만 해요. 그래서 준비했어요.
매일의 영양을 고려하여 선택한 3가지 반찬과 1가지 국 & 찌개로 구성한 '황금 밥상 식단표 20'!
참고하고 응용해서 맛있고 행복한 식사 시간이 되길 바랍니다.

황금 밥상 식단표
이렇게 구성합니다!

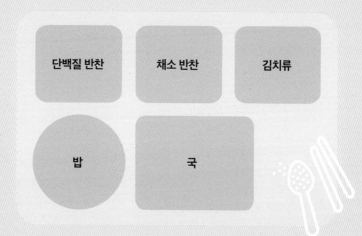

단백질 반찬 채소 반찬 김치류

밥 국

★ '단백질 반찬(고기, 생선, 달걀, 콩 등) + 채소 반찬 + 김치류 + 국'을 기본으로 구성해요.
   김치류는 다른 종류로 대체해도 좋아요.

★ 단맛, 짠맛, 신맛 등이 고르게 담겨 있도록 구성해요.

★ 재료는 최대한 다른 요리에도 활용할 수 있는 메뉴들로 구성해요.

★ 굽기, 찌기, 조리기, 볶기 등 조리법이 다양하도록 구성해요.

① 큐브스테이크(p.190) + 견과류조림(p.97) + 어린이 백김치(p.124) + 콩나물국(p.149)

② 간장닭볶음탕(p.198) + 배추된장무침(p.50) + 채소달걀찜(p.102) + 조개탕(p.168)

③ 소고기감자조림(p.192) + 청포묵미나리무침(p.56) + 우엉조림(p.90) + 맑은 순두부국(p.132)

④ 간장제육볶음(p.176) + 감자채전(p.112) + 달콤 오징어실채(p.86) + 오이미역냉국(p.152)

⑤ 생선버터구이(p.211) + 매콤 잔멸치볶음(p.82) + 무 & 오이 & 양배추 피클(p.126)
+ 소고기뭇국(p.138)

⑥ 바싹불고기(p.196) + 달콤 잔멸치볶음(p.80) + 두부간장조림(p.98) + 해물된장찌개(p.158)

⑦ 훈제오리대파볶음(p.186) + 콩나물무침(p.34) + 무 & 오이 & 양배추 피클(p.126)
   + 김치콩나물국(p.150)

⑧ 찹쌀소고기구이(p.187) + 가지찜무침(p.44) + 어린이 깍두기(p.122) + 어묵탕(p.169)

⑨ 두부스테이크(p.234) + 간장감자조림(p.89) + 소고기오이볶음(p.183) + 달걀북엇국(p.142)

⑩ 된장마파두부덮밥(p.248) + 양배추초무침(p.62)

⑪ 갈치무조림(p.214) + 시금치들깨무침(p.38) + 어린이 물김치(p.123) + 아욱된장국(p.146)

⑫ 데리야키 연어구이(p.210) + 감자샐러드(p.96) + 검은콩자반(p.94) + 어린이 물김치(p.123)

⑬ 닭갈비(p.178) + 애호박버섯볶음(p.67) + 시금치스크램블에그(p.76) + 홍합탕(p.166)

⑭ 옥수수오징어전(p.116) + 오이맛살무침(p.42) + 매콤 두부조림(p.104) + 소고기미역국(p.134)

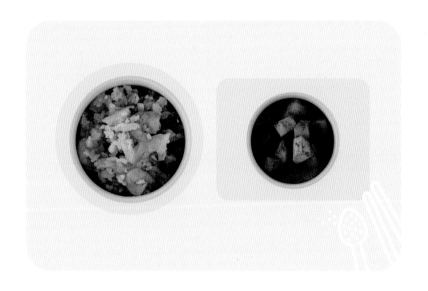

⑮ 중화풍 달걀볶음밥(p.240) + 오이송송이(p.127)

⑯ 돼지고기깻잎볶음(p.202) + 김무침(p.60) + 어린이 깍두기(p.122) + 달걀국(p.130)

⑰ 낙지볶음(p.218) + 메추리알간장조림(p.106) + 콩나물잡채(p.232) + 감잣국(p.143)

⑱ 동태전(p.216) + 비엔나소시지볶음(p.88) + 새송이장조림(p.108) + 콩비지찌개(p.164)

⑲ 간장비빔국수(p.266) + 양배추초무침(p.62)

⑳ 새우볶음우동(p.280) + 채소달걀말이(p.120)

도움주신 곳
그린팬(GreenPan) www.greenpankorea.co.kr
토함그릇공방(054-746-4641)
알럽하우스(010-9458-4564)

펴낸날 초판 1쇄 2019년 4월 1일 ㅣ 초판 3쇄 2022년 1월 20일

지은이 용동희

펴낸이 임호준
출판 팀장 정영주
편집 김은정 김유진 이상미
디자인 유채민 ㅣ **마케팅** 길보민
경영지원 나은혜 박석호 ㅣ **IT 운영팀** 표형원 이용직 김준홍 권지선

사진 그리핀 스튜디오 한정선(010-9147-0976)
인쇄 (주)웰컴피앤피

펴낸곳 비타북스 ㅣ **발행처** (주)헬스조선 ㅣ **출판등록** 제2-4324호 2006년 1월 12일
주소 서울특별시 중구 세종대로 21길 30 ㅣ **전화** (02) 724-7664 ㅣ **팩스** (02) 722-9339
포스트 post.naver.com/vita_books ㅣ **블로그** blog.naver.com/vita_books ㅣ **인스타그램** @vitabooks_official

ⓒ 용동희, 2019

ISBN 979-11-5846-287-1   13590

비타북스는 독자 여러분의 책에 대한 아이디어와 원고 투고를 기다리고 있습니다.
책 출간을 원하시는 분은 이메일 vbook@chosun.com으로 간단한 개요와 취지, 연락처 등을 보내주세요.

비타북스 는 건강한 몸과 아름다운 삶을 생각하는 (주)헬스조선의 출판 브랜드입니다.